香氛蜡
AROMA WAX
SACHET

轻松变身时尚达人

# 香氛蜡的美妙一刻

室内芳香装饰品

[日] 篠原由子　著

泠点　译

U0320582

中国画报出版社·北京

图书在版编目（CIP）数据

香氛蜡的美妙一刻 /（日）篠原由子著；冷点译
. -- 北京：中国画报出版社, 2019.4
ISBN 978-7-5146-1611-8

Ⅰ. ①香… Ⅱ. ①河… ②冷… Ⅲ. ①蜡烛 – 手工艺
品 – 制作 Ⅳ.①TS973.5

中国版本图书馆CIP数据核字(2018)第293604号

北京市版权局著作权合同登记号：图字01-2018-7915

## 香氛蜡的美妙一刻

[日] 篠原由子 著　　冷点 译

出 版 人：于九涛
责任编辑：李　媛
内文设计：赵艳超
封面设计：郑建军
责任印制：焦　洋

出版发行：中国画报出版社
地　　址：中国北京市海淀区车公庄西路33号　邮编：100048
发 行 部：010-68469781　010-68414683（传真）
总 编 室：010-88417359　版权部：010-88417359

开　　本：16 开（710mm× 1000mm）
印　　张：6
字　　数：100千字
版　　次：2019年4月第1版　2019年4月第1次印刷
印　　刷：天津久佳雅创印刷有限公司
书　　号：ISBN 978-7-5146-1611-8
定　　价：48.00元

# 前 言

·

俄尔，似有一股暗香袭来，清新畅快……

怡人的香气，能卸下我们一日的疲惫，为忙碌的我们带来精神的慰藉和愉悦。

Sachet是法语"香囊"的意思，原指装有香料或香草的小荷包。但可惜的是，时间久了，一般的荷包的香味也就淡了。

本书介绍的"香氛蜡"则可以解决这一烦恼，持久的香味能让我们充分享受这份惬意。

香氛蜡也被称为不用点燃即能发出香味的香氛烛，并可以通过加入一些精油，制作出自己喜欢的芬芳剂。

此外，蜡块上盛放的花朵所呈现出的那份绚烂也是其魅力之一，不仅可以用来装饰房间，更可以作为送给重要的他(她)的极好礼物。

本书运用平面构图的原理，介绍了一些实用方法，使初学者也能轻松"凹"出很多可爱的造型。只要掌握这个原理，精美的原创作品就能源源不断地诞生啦。

同时，本书还会介绍用蜡液和硅胶干燥剂制作干花的方法，由此可以将纪念日或特别的节日里收到的鲜花制成美美的干花，放在香氛蜡里面，永葆花颜。

希望本书能为大家带来灵感，找到自己喜欢的味道和风格，制成香氛蜡块，"香"受每一天的清新生活吧！

篠 原 由 子

Yuko Shinohara

Comments

# 目 录

## 第 *1* 章

## 准备工作

## 第 *2* 章

## 借助构图法　轻松"凹"出香氛蜡的千姿百态

# 第 **3** 章

## 根据摆放场所，定做相宜香氛蜡

—

# 香氛蜡的四大魅力

**1**

时尚的
室内装饰品

香氛蜡可悬挂在壁橱中，可放在抽屉里，既能于不经意之中得其精妙，也能成为赏心悦目的室内装饰品。可放在办公桌旁放松心情，也可放在床边帮助安神入眠……又或者，放在门口玄关处，出其不意地让人眼前一亮，给来客一个惊喜。让香氛蜡伴随我们的生活，让我们尽情呼吸吧！

香氛烛需要点燃才能散发香味。为了安全起见，睡前或者出门时需要熄灭。然而，这样就无法感受到打开家门时清香迎归的那份小惊喜。与此相比，香氛蜡则无须点燃即能持续散发出香味。由于制作过程中需要加热，为了防止蜡燃烧起火，本书演示中特别使用了电磁炉加热。制作过程安全清洁，这也是我们力荐香氛蜡的缘由之一。

**2**

让喜欢的
味道陪伴左右

**3**

风格、大小、颜色
听从内心的声音

香氛蜡的特色之一就是可以自己选择大小和风格。除了基本的方形之外，可以用自己喜欢的模型制作出专属于自己的原创作品。我们也推荐大家混合几种颜料，享受色彩的跃动；当然，也可以先只用白色尝试，慢慢地找到自己喜欢的颜色。造型要先想好，再付诸实践吧。

可以将节日里或特别的纪念日里收到的鲜花做成干花，放入香氛蜡中，成为美好的回忆。出门时路边捡到的小树枝、小果子、贝壳等也是很好的素材。还可以用收到的礼物上的丝带或蕾丝将蜡块悬挂起来，这样每每看到它们，伴随着淡淡的清香，记忆的闸门就由此打开了呢。这样看来，身边的小物件都能成为理想的原材料。

**4**

似水年华
记忆流芳

准 备 工 作

在制作香氛蜡块之前，先来掌握一些基本信息吧。稍后还会介绍着色方法和模具、饰品配件，以及干花的制作等，让我们来一起创作自己的独家香氛吧。

# TOOL 制作香氛蜡所需工具

制作过程中会用到多种工具，除了家庭中的日常用品，还需要一些专门的工具，我们先从工具的准备开始吧。另外，出于卫生上的考虑，请不要将它们与厨具混用。

## 基本工具 先将工具备齐

**珐琅烧杯锅　珐琅小奶锅**

珐琅锅传热均匀，本书中使用容量为500毫升的。

**电磁炉**

由于蜡易燃，推荐使用电磁炉，并要谨防烧伤。

**电子桌秤**

称量蜡或者精油时使用，也可选择自己顺手的称量工具。

**托盘**

珐琅瓷、不锈钢均可，最好准备多种尺寸的。

**纸杯**

注入蜡混合液时需要，准备大、中、小不同尺寸的。

**温度计**

本书中使用电子温度计，蜡受热快，需要控制温度。

**木质搅拌棒**

搅拌蜡溶液或者颜料时使用，推荐使用木质的，以免伤到锅。

**勺子**

将固体蜡块放入锅中或者滴入蜡溶液时使用。

**模具**

本书中使用的材质主要有硅胶、纸、聚乙烯、不锈钢等。

**硅油纸**

蜡容易渗透，因此需要将硅油纸铺在桌子上或者模具里。

**镊子**

将易变形的小碎花或者叶子放在蜡块上时使用。

**吸管**

打孔时使用，最好是图钉大小细一点的。

**金属孔眼**

固定打出的孔，防止丝带直接接触、磨损蜡块，根据素材选择尺寸。

**烧杯**

本书使用的是容量为30毫升的，用于测量、倾倒精油。

**削皮刀**

消除棱角或者修整凹凸不平的蜡块边缘时使用。

**剪刀**

剪去根茎或者切开吸管时使用。

## 基本工具

先将工具备齐

**洗菜盆**

制作硅胶模具时使用，本书使用直径 25 厘米和 22 厘米的。

**融化锅**

制作器型香氛蜡时使用，本书使用直径 5 厘米、深 5 厘米的。

**胶枪**

制作模具时的粘接、花朵配饰的修饰，以及固定光滑的配饰时使用。

**订书机**

修整散乱的花朵或者制作纸框时使用。

**水果刀**

切分坚硬的蜡块时使用，水果刀等短柄刀即可。

**强力粘胶剂**

防止绳子或者丝带开线时使用，也可替代胶枪。

**牙签**

堵上丝带孔或者局部调整花瓣时使用。

**植物油**

事先在模具上涂一层植物油，有利于香氛蜡从模具中取出。

**抽纸**

给模具涂抹植物油时使用。

**美工刀**

制作纸框时，剪裁折线时使用。

**直尺**

制作纸框时，辅助美工刀切出直线。

**装饰胶带**

固定硅胶模具时使用，有利于取出香氛蜡。

**保鲜盒**

本书使用的是能在微波炉中加热的耐热容器和材质偏软的密封容器。

**口罩**

使用硅胶制作干花时戴上。

**耐热纸盘**

制作干花时使用，建议使用厚质结实的。

**烘焙纸**

制作干花时使用，推荐使用吸水性好且较厚的。

**橡皮筋**

暂时固定花束或者制作干花瓣时使用。

**热熔胶枪**

熔化凝固的或者变形起皱的蜡块时使用，也是清扫小帮手。

**酒精**

清洁工具时使用，尤其是清洁那些不溶于水的污渍。

**工作手套**

拿锅、热熔胶枪等工具或者清扫时保护双手。

# WAX  蜡的种类

蜡分为很多种，每种特点不一。可以根据硬度、用途、与颜料的相融性选择最适合的。其中，大豆蜡和石蜡强度高、黏合度好，本书主要将其与蜂蜡混合使用。

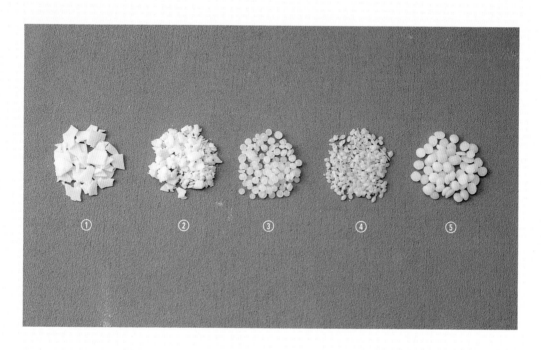

① ─────────

**硬质大豆蜡**　　　　　100% 大豆植物蜡，比软质大豆蜡硬度高、比石蜡软，熔点和
　　　　　　　　　　　凝固点也比较低，因此非常适合初学者。

② ─────────

**软质大豆蜡**　　　　　100% 大豆植物蜡，比硬质大豆蜡柔软，熔点和凝固点也比较低，
　　　　　　　　　　　本书主要在浸渍鲜花时使用。（p27）

③ ─────────

**石蜡**　　　　　　　　石油系蜡，比大豆蜡硬，且表面更有光泽。透明度较好，如果想
　　　　　　　　　　　要打造花朵和配饰的透视效果，推荐这一种。

④ ─────────

**蜂蜡（黄）**　　　　　从蜜蜂的蜂巢中提取的动物性蜡，将①或③与其以 6：4 的比例
　　　　　　　　　　　混合较好。因为未进行漂白处理，凝固后呈现自然的黄色，且带
　　　　　　　　　　　有蜂蜜的甜蜜香味。

⑤ ─────────

**蜂蜡（白）**　　　　　从蜜蜂的蜂巢中提取的动物性蜡，将①或③与其以 6：4 的比例
　　　　　　　　　　　混合使用较好。由于进行过漂白处理，因此不会影响其他蜡的显
　　　　　　　　　　　色效果。同样带有蜂蜜的香味。

# AROMA OIL　精油的种类

根据芳香的类型，精油可以分为 7 个系列。配合香氛摆放的位置和用途，来享受香味的变幻吧。
本书介绍的配比，是一块香氛蜡中精油占 10% ~ 15%。

*Check*
**香味的香调和强烈度**

精油的香调（挥发速度）从开始到结束依次为：前调、中调和后调。
前调是指有多种香味并存时最先感受到的香味。前调和后调的搭配，能取
得较好的效果。香味的强烈度可以分为弱 - 中、中、中 - 强、强四种。

## 1 草本调　清爽的香味能舒缓呼吸系统、集中注意力以及振奋精神。

| 精油 | 香调 | 香味强烈度 | | | 特征 |
|---|---|---|---|---|---|
| 薄荷 | 前调 | 弱 | 中 | **强** | 清爽的薄荷香味，有助于提高注意力、强化呼吸系统。（避开妊娠期，哺乳期，婴幼儿禁用） |
| 鼠尾草 | 中调 | 弱 | **中** | 强 | 男、女都适用的花香调香味，能平衡身心，提高幸福感。（避开妊娠期） |
| 迷迭香 | 中调 | 弱 | **中** | 强 | 强草本的特有清香味，有助于减轻疲劳，提高注意力。（避开妊娠期，高血压、癫痫症患者禁用） |
| 柠檬草 | 前调 | 弱 | 中 | **强** | 有柑橘味道的草本芳香，能放松心情、改善食欲不振等，也可驱虫。（避开妊娠期） |

## 2 柑橘调　清爽的香甜系味道，能使心情愉悦，精神振奋。

| 精油 | 香调 | 香味强烈度 | | | 特征 |
|---|---|---|---|---|---|
| 香橙 | 前调 | 弱 | **中** | 强 | 香橙特有的芳香，能促进入眠、愉悦心情，对强化消化系统也有效果。 |
| 葡萄柚 | 中调 | 弱 | **中** | 强 | 清爽中略带酸甜味，能让人瞬间豁然开朗，对减肥也有效果。 |
| 香柠檬 | 中调 | **弱** | 中 | 强 | 清新、淡雅的花香味。也常用于格雷伯爵红茶（调味茶）的芳香剂。能一扫忧郁的心情。 |
| 柠檬 | 前调 | 弱 | 中 | **强** | 清新、浓烈的柑橘类芳香。能使人情绪明快，消除疲劳。对驱虫也有效果。 |

## 3 花香调　甜蜜爽快的花香味，能使身心安宁，有治愈之效。

| 精油 | 香调 | 香味强烈度 | | | 特征 |
|---|---|---|---|---|---|
| 薰衣草 | 前调·中调 | 弱 | **中** | 强 | 中草本系的花香味，调整植物神经系统，有助于睡眠，也能驱虫。 |
| 甘菊 | 中调 | 弱 | **中** | 强 | 有苹果果香味，能愉悦心情、平复紧张情绪，有助于睡眠。（避开妊娠期） |
| 茉莉 | 中调 | 弱 | 中 | **强** | 有异域特色的花香味，使女性魅力呼之欲出。同时带给人温暖，令人神安心定。（避开妊娠期） |

| 精油 | 香调 | 香味强烈度 | | | 特征 |
|------|------|------|------|------|------|
| | | 弱 | 中 | 强 | |
| 天竺葵 | 中调 | | | **强** | 清新、香甜的玫瑰芳香味，调整身心的平衡。也有驱虫效果。（避开妊娠期） |
| 玫瑰草 | 前调 | | | **强** | 芬芳的玫瑰花香味。清新、爽快，调整身心平衡。（避开妊娠期） |
| 苦橙花 | 中调 | | | **强** | 甜蜜的花香味中有淡淡的苦涩的柑橘系花香，能缓解忧郁的心情和平日的压力。 |

## 4 东方调
洋溢着异国风情，能安神定心，也可以与其他材料搭配使用。

| 精油 | 香调 | 弱 | 中 | 强 | 特征 |
|------|------|------|------|------|------|
| 依兰 | 中调·后调 | | **中** | | 东方风情的花香，能调节激素平衡。（避开妊娠期） |
| 广藿香 | 中调 | | **中** | | 泥土的味道中带有一些甜甜的香味，能安定情绪，针对女性特有的烦恼有特别效果。 |

## 5 树脂调
含有沉香木的木质香味，带有厚重感的香甜，令人心神安定。

| 精油 | 香调 | 弱 | 中 | 强 | 特征 |
|------|------|------|------|------|------|
| 马尾香 | 中调 | | **中** | | 略带辛辣的木香，又被称为乳香，能促进深呼吸，因此强烈推荐做瑜伽时使用。（避开妊娠期） |

## 6 辛香调
从辛辣调味料中提取的辛辣系香味，因其刺激性的香味，搭配使用效果突出，能迅速成为焦点。

| | | 弱 | 中 | 强 | |
|------|------|------|------|------|------|

## 7 木香调
从树枝或树叶中提取的清爽的香味，令人仿佛置身于森林之中，清新之感妙不可言。

| 精油 | 香调 | 弱 | 中 | 强 | 特征 |
|------|------|------|------|------|------|
| 桉树 | 前调 | | | **强** | 鲜明的香味能提高注意力和记忆力。感冒时或者花粉季节使用，能强化呼吸系统。 |
| 柏树 | 中调 | | **中** | | 让人联想到针叶林的清新的味道，能调整呼吸系统、提高注意力。（避开妊娠期） |
| 雪松木 | 中调 | | | **强** | 甜蜜的治愈系木香味，能提高注意力。（避开妊娠期、哺乳期，癫痫症患者禁用） |
| 杜松子 | 中调 | **弱** | 中 | | 清爽、温暖的木质香味，可调整精神状态、清醒头脑。（避开妊娠期） |
| 茶树 | 前调 | | | **强** | 清凉、舒畅、干净的香味，能抗菌、抗病毒，感冒或者花粉症易发的季节推荐使用。 |
| 蔷薇木 | 中调 | | **中** | | 香甜的玫瑰花香味与温暖的木香味结合，让人身心得到慰藉。 |
| 苦橙叶 | 前调 | | **中** | | 浓烈中带有苦涩的花香味，尤其能赶走低落的情绪，有助于快速进入梦乡。 |

注　意　精油原液（纯精油）接触到肌肤时，请立即用清水冲洗。
处于妊娠期、哺乳期及婴幼儿、有过敏史的人士请谨慎使用。
不同类型的精油使用禁忌不同，请务必确认后再使用。

# DECORATION  装饰单品

"正是因为是自己亲手打造，所以更想把自己喜欢的小物件都用上"，大家一定都这么想吧！为了实现我们的"小目标"，就先从装饰品着手吧。重新组合搭配平时喜欢的小物件，一起来体验原创的乐趣吧。

## 本次使用到的饰品    百搭小饰品

### 丝带

不同粗细、颜色，甚至不同材质的都可以拿来组合。

### 水果

不是市场上卖的水果片，而是用新鲜的水果自己制作。（制作方法见 p25）

### 手工主题饰品

可以用硅胶制作一些市场上没有的原创产品。（制作方法见 p24）

### 耳环

悬挂类的单品能像流苏一样点缀，请根据个人喜好选择。

### 流苏

装点室内的流苏也适用于香氛蜡，自然流露出奢华感。

### 蕾丝

装饰小花束时特别有韵味，成为画龙点睛之笔。

### 珍珠

风格、颜色与整体协调即可，使用多个亦无妨。

## 其他的装饰品    本书中未用到的一些单品也强烈推荐，让你立刻与众不同。

### 施华洛世奇水晶

颜色多种可选，让香氛蜡闪闪发光。

### 金银配饰

最能打造出优雅气质，根据主题类型，风格也能百变。

### 皮草饰品

质感成为亮点，可让人立刻想到冬天。

### 羽毛

带有天然的气息，但要防止沾上蜡，否则会影响到质感。

### 纽扣

如同绚丽代表着流行，古典则更可演绎出高档。

### 蕾丝

自然的主题形象与花朵融为一体，可以选择有透明感材质的。

### 小动物配饰

不同单品的组合还可连成主题故事，体积小的单品更易上手。

颜色脱落时，可以用金色等丙烯颜料补充一下。

# BASIC LESSON 　基础准备工作

终于要进入正题啦，这里我们先介绍制作香氛蜡的基本流程。
除了基本的必备程序之外，后期的着色、成型装饰单品的制作方法也在这里一并说明。

*Lesson*

## 基本的制作方法

首先从基础的、简洁的香氛蜡的制作开始。
用蜡做出型，再对其进行装饰即可完成，易学易做。
这里以制作一块长 13 厘米、宽 7 厘米、高 2 厘米的样品为例来说明。

### 蜡

硬质大豆蜡 ……………………50 克
蜂蜡（白）…………………… 20 克
精油（薰衣草）…………………… 7 克

### 工具

小奶锅 / 电子桌秤 / 勺子 / 电磁炉 / 木质搅拌棒 / 温度计 / 纸杯（中）/
烧杯 / 纸框模具（长 13 厘米 × 宽 7 厘米 × 高 2 厘米）/ 牙签 /
镊子 / 吸管 / 剪刀 / 金属孔眼 / 削皮刀

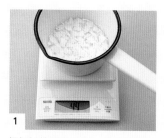

**1**
把奶锅放在电子秤上，对照克数，加入大豆蜡。

**2**
同上，加入蜂蜡。

**3**
把步骤 2 所得在电磁炉（160℃）上加热，用搅拌棒充分搅拌、熔化蜡块。

**4**
用温度计测量混合液温度，温度达到 80℃时，关闭电磁炉，取下奶锅。

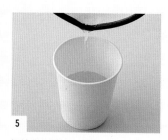

**5**
把熔化的蜡块倒入纸杯中。

**6**
再把烧杯放在电子秤上，一边注意刻度，一边加入精油。

**7**

把步骤 6 的精油倒入步骤 5 的纸杯中。

**8**

充分搅拌，防止精油沉淀。

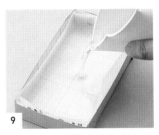

**9**

把步骤 8 所得倒入纸框模具中。

**10**

用温度计测量倒入模具中的混合液的温度，静待表面温度达到 53℃。

**11**

待表面生成一层薄膜时，把花、草放于其上，从位于底部的单品开始依次放置。

**12**

把吸管剪出一个 3 厘米的长度。

**13**

在喜欢的位置插入吸管打孔。以上完成后，常温下静置 1 小时左右，待其凝固。

**14**

蜡块整体的温度降低、凝固后，拔掉吸管。不能顺利拔出时，先把香氛蜡从模具中取出，再利用牙签取出。

**15**

取出香氛蜡，放在水平桌面上。在圆孔处放入金属孔眼。

**16**

用手指轻轻地把孔眼推入，固定好。

**17**

用削皮刀修整边缘至整齐利落。

## 完成

基本款的香氛蜡大功告成啦，还要注意不要让花、草过于沉入蜡块中。

# 2

## 着色方法

即使不进行任何着色，以蜡块本色为底色的香氛蜡本身就是极好的装饰品。不过，通过对蜡块的上色，又可以衍生出不同的魅力和乐趣。

### 本书中使用的颜料

不同蜡原料的性质不同，完成时的显色可能略有不同。

本书使用蜡烛专用的颜料，易溶解，即使加入少量也能较好地显色，对于初学者来说也易于操作使用，而且网上也能买到。

### 其他的颜料

颜料的价格和来源有所不同，选择自己喜欢的就好。

**云母**

从云母矿中提取出来的一种染料，安全不伤肌肤，也常被用在化妆品中。适量添加能让你的香氛蜡块更闪亮。

**彩色蜡笔**

具有易溶解、价格便宜、易于显色、颜色种类丰富的优点。相较于香烛用的颜料，用量需要多一些。

*Check*

**不同蜡的显色差异**

**大豆蜡·蜂蜡**

相比混合溶液的颜色，凝固时会变淡一些。因此，多加入一些颜料，才能使着色效果更好。

**石蜡**

因为其本身是晶莹剔透的蜡块，即使凝固后，颜色也能较好地保留。因此，相对减少一些用量，做出的成品颜色也更自然。

*Check*

**提高蜡液的温度**

蜡液的温度降低的时候，颜料不易混合。根据情况，用600w 的微波炉加热 10 秒，蜡液的温度提高后，颜料就能很快溶解啦。

## 单色蜡块的制作

基本的着色方法，只需混合颜料并倒入即可。

＊ 这里使用大豆蜡

**1** 在奶锅中熔化蜡块，倒入纸杯中。

**2** 用镊子依次少量把颜料夹入步骤1的纸杯中，先加入一小撮即可。

**3** 用搅拌棒充分搅拌至颜料小颗粒完全消失。如若颜色较浅，可通过添加颜料进行调整。

**4** 把步骤3中的溶液倒入模具中。

**5** 在水平的桌面上，常温下静置1小时左右，待其凝固。

**6** 完全凝固后，从模具中取出，单色香氛蜡的基础蜡块就做好啦。

## 渐变色的制作

从两侧分别同时倒入两种颜色，就能制作美美的渐变色蜡块啦。

＊ 这里使用大豆蜡

**1** 在奶锅中熔化蜡块，并把溶液平均倒入两个小纸杯中。

**2** 在其中一个纸杯中，用镊子放入少量的颜料，先加入一小撮即可。

**3** 充分搅拌至小颗粒完全消失。如若颜色较浅，可以通过添加颜料进行调整。

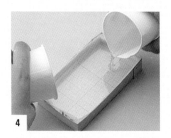

**4** 两只手分别拿着两个杯子，从模具的两侧同时慢慢倒入混合液。

**5** 在水平的桌面上，常温下静置1小时左右，待其凝固。

**6** 完全凝固后，从模具中取出，渐变色香氛蜡的基础蜡块就完成啦。

# 3

## 各种模具的制作

蜡块熔化为液体后，就能根据个人爱好进行大变身啦。
形状和大小均可以自主选择，一起来发挥想象力，展现无限的可能性吧。

### 使用带有刻度的手工纸

推荐使用一目了然的带有刻度的手工纸。
因手工纸容易渗入蜡本身的颜色，因此同时铺一层硅油纸（烘焙纸）。

**所需物品**

手工纸（长 17 厘米、宽 11 厘米的长方形，及边长 12 厘米的正方形）⋯各 1 张
烘焙纸（长 17 厘米、宽 11 厘米的长方形，及边长 12 厘米的正方形）⋯各 1 张

**工具**

笔 / 剪刀 / 直尺 / 美工刀 / 订书机 / 装饰
胶带

▶ **长方形·正方形** 成品尺寸：（长方形）长 17 厘米 × 宽 7 厘米 × 高 2 厘米，（正方形）长 8 厘米 × 宽 8 厘米 × 高 2 厘米

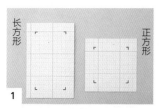

**1**
在距离手工纸四条边各 2 厘米的地方，用笔做上标记，画出轮廓。

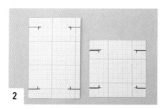

**2**
用剪刀沿着图中红线剪开。

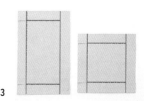

**3**
在步骤 2 的内侧，借助直尺，用蓝笔画上直线。用美工刀轻轻地切出折线，并向外侧折出。

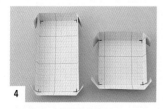

**4**
超出的部分折到外侧。

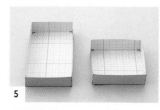

**5**
四角用订书机固定，即完成了纸框的制作。

**6**
准备与手工纸尺寸相同的烘焙纸，在与步骤 1 相同的位置处做上标记。

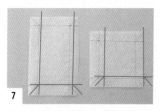

**7**
沿着烘焙纸上的蓝线，折成模具造型。

**8**
建议沿实线稍微偏内侧开始折，并用装饰胶带黏合固定。

**9**
把步骤 8 所得放进步骤 5 的纸框中，完成模具制作。若烘焙纸褶皱不平，则可用曲别针固定两端。

## 用牛奶盒制作

相比手工纸，牛奶盒里面加入了防水材质，因此可直接使用。

**所需物品** ——————

牛奶盒 ……………………1 个

**工具** ——————

剪刀 / 直尺 / 美工刀 / 订书机 / 笔

▶ **长方形**　成品尺寸：长 13 厘米 × 宽 7 厘米 × 高 2 厘米

**1**　用剪刀纵向剪开牛奶盒。

**2**　面积较大的一面置于桌面，将两侧面剪至 2 厘米的高度。

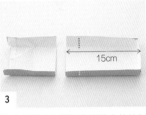

**3**　将右侧起 15 厘米的位置之外的部分剪掉，然后在左侧起 2 厘米的位置处剪开侧面。

**4**　把牛奶盒翻过来，比照直尺，用美工刀切出步骤 3 得到的两侧 2 厘米的切口点的连线。

**5**　超出的部分从外侧折好。

**6**　用订书机订上折入的部分即完成。

▶ **正方形**　成品尺寸：长 8 厘米 × 宽 8 厘米 × 高 2 厘米

**1**　将牛奶纸盒用剪刀剪开，并在平面上展开。

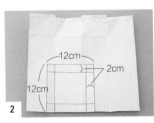

**2**　剪出边长 12 厘米的正方形（红线），在外边缘里侧 2 厘米（蓝线）处折入，最好能利用牛奶盒本身的折痕。

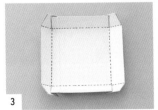

**3**　四角露出的部分从外侧翻折于外框。

**4**　用订书机订上折入的部分即完工。

## 巧用纸杯和纸盘制作

制作曲线型的香氛蜡块时需要用到的模具。
由于可拆卸，因此能十分轻松地取出香氛蜡。

**所需物品** ————————————————

纸杯（直径 8 厘米 × 高 12 厘米）·················· 1 个
纸盘（直径 20 厘米）······························· 2 个

**工具** ————————————————

剪刀 / 装饰胶带 / 胶枪

▶ **泪滴型** 成品尺寸：长 9 厘米 × 宽 6 厘米 × 高 2 厘米

**1**

用剪刀在纸杯口向下 2 厘米的位置
剪出豁口。

**2**

沿着纸杯的侧面剪一圈。

**3**

剪掉纸杯口鼓出的圆边。

**4**

在剪下的带状纸的两端，用装饰胶
带固定。

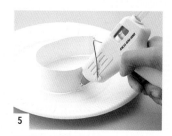

**5**

将步骤 4 所得放在纸盘上，用胶枪
将其固定在纸盘上。

**6**

胶水晾干后即完成。固定的时候要
确保连接处没有缝隙。

▶ **树叶型** 成品尺寸：长 10.5 厘米 × 宽 6 厘米 × 高 2 厘米

上述泪滴型制作过程
中，在步骤 4 如上图所
示的底端 A 位置向外
侧折出，则形成树叶状。

▶ **爱心型** 成品尺寸：长 8 厘米 × 宽 8 厘米 × 高 2 厘米

上述泪滴型制作过程
中，在步骤 4 将图中
所示的底端 A 位置向
内侧折入，则形成爱
心形状。

## 用硅胶模具来"凹"出造型

市场上卖的模具，有各种各样的形状和尺寸。
将香氛蜡从硅胶模具中取出时，从后面轻轻地用力按压，有助于香氛蜡的剥离。

▶ **椭圆型**

长 8.5 厘米、宽 6 厘米、深 3 厘米，带有
6 个小模型，可用于手工皂的制作，能做
出像浮雕工艺品那样的精美效果。

▶ **圆型**

直径 8 厘米、深 3 厘米的制作糕点用的模具，
虽然形状看起来很普通，但是其柔和的曲线却
是打造可爱少女感的不可多得的宝贝。

▶ **爱心型**

长 5 厘米、宽 5.5 厘米、深 3 厘米的制作
糕点用具，带有 6 个小模型。爱心型很适
合用于礼品。

▶ **甜甜圈型**

直径 7 厘米、内侧直径 2 厘米、深 3 厘米
的制作糕点用具，带有 6 个小模型。正中
间的圆孔，也是一种特别的装饰呢。

## 用厨房用具制作

除了硅胶模具，也有很多形状奇特、极易上手的器具。
配合整体，能适时"凹"出很漂亮的造型哦。

▶ **铝箔杯型**

直径 8 厘米、深 2 厘米，锯齿纹的
造型让你的香氛蜡与众不同。建议
使用有一定强度、结实的模具。

▶ **花朵型**

直径 9 厘米的铝制模具造型。制作
完成后可直接拔出，尽情"凹"出
喜欢的造型吧。

▶ **制冰格**

长宽均 4.5 厘米、深 3 厘米，带有
8 个格子的制冰格，可以用来制作
正方体型的香氛蜡块。

# 4 原创饰品配件的制作

香氛蜡的整体效果取决于饰品配件部分。
手工制作的配件，能让整体的独创性有质的飞跃。
这里我们也介绍一些水果片的制作。

## 自制硅胶模具，让想象力飞起来

从模具开始手工制作，可以诞生更多闪耀着创意和智慧的主题配饰。
使用从超市等处购买的硅胶，模具也能轻松做出。
下面，我们以金米糖的制作来加以说明。这里，我们用灌浆枪注入硅胶。

### 所需物品

水 ···················· 约1升
洗洁精 ·············· 240毫升
硅胶 ·················· 约180毫升
金米糖 ·············· 适量

### 工具

盆（大）／灌浆枪／橡胶手套／密封容器（长15厘米 × 宽5厘米 × 高5厘米）／纸盘

**1** 把水和洗洁精倒入盆中，充分搅拌混合。洗洁精要足量，防止硅胶分离。

**2** 用灌浆枪把硅胶倒入步骤1的溶液中。

**3** 戴上橡胶手套，充分揉搓步骤2的硅胶，直至形成一个整体。

**4** 把步骤3所得塞入密闭容器中。

**5** 把表面整体抚平。

**6** 等间距地把金米糖插入其中，9分深的程度即可，不必塞到底。在此状态下静置6个小时左右。

**7** 完全凝固后，从容器中取出。反过来，用手指从后面把金米糖推挤到纸盘上。

**8** 待完全晾干后，金米糖硅胶模具就华丽亮相啦。

以上就是后文制作香氛蜡（参考p70）中用到的金米糖硅胶模具的制作方法。可参照此方法，制作自己喜欢的主题配饰，打造独家香氛蜡。

## 让水果成为闪亮的配饰单品

水果也是让香氛蜡淋漓尽致地释放原创气息的重要单品之一。
下面我们来介绍利用硅胶模具和蜡来制作水果配饰，以及利用新鲜水果制作水果片的方法。

### ▶ 制作硅胶水果配饰

可以用蜡来制作水果小饰品，制作方法同 p24。

#### 适用的水果

推荐制作个头小、形状规则的水果。

·草莓
·蓝莓
·覆盆子
·柑橘类（上面的橘络要去除）

#### 温馨提示与技巧

·先用加水稀释过的洗洁精（240毫升）湿润水果，再把水果塞入硅胶模具中。
·从模具中取出时，水果如果破掉，其颜色就容易沾到模具上。

水分含量多的水果，先在冰箱里冷冻一下，会更加容易取出，也有利于稍后的操作。

### ▶ 巧用烤箱干燥

香氛蜡的制作中使用的并不是新鲜状态的水果，而是水果片。这里我们先来介绍一下轻松获取香橙片的方法。

#### 所需物品 ──────

香橙……………………适量

#### 工具

托盘 / 刀具
烤箱
烘焙纸

**1**

把香橙切成 5 毫米厚的薄片。放在烘焙纸上，吸除多余水分。

**2**

把香橙薄片放在烤箱托盘上，时不时地翻一下，保证两面均匀受热。如此，在 100℃ 的条件下，大约需要加热 2 个小时。

#### 温馨提示与技巧

·尽量切成薄片，有利于水分蒸发。
·温度太高，有可能会出现烤焦、烤煳、收缩等现象，因此需根据反应调节温度。
·烤箱如果不能充分蒸干水分，就再放入冰箱里冷冻，至完全干燥约需两周的时间。

**3**

待香橙片的水分全部蒸发，颜色变深后即完成。

# 5 干花的制作

我们来介绍轻松制作干花的三个技巧。
不同技巧适用于不同的花型，请确认后再行动。

## 本书使用的五种干花的制作方法

① **浸渍法 p27**　　把鲜花浸入蜡溶液中的方法。优点是能长久保持颜色和形状，适用于水分多、花瓣较厚的花型。进行充分干燥后，不易褪色。

② **硅胶粒干燥法 p28**　　利用硅胶粒干燥鲜花的方法。优点是直接在微波炉中加热 2 分钟即可轻松完成。相比倒挂干燥法，花瓣不会收缩，褪色也较少。

③ **挤压法 p29**　　放在纸盘上压平，再通过微波炉脱水的方法。优点是不易褪色，只需用微波炉（600W）加热 50 秒即可。不适合花瓣较厚和水分较多的鲜花。

④ **倒挂式**　　把花放在干燥阴凉的地方倒挂起来进行干燥的方法。除了水分较少的花以外，一般略有褪色和收缩。大约需要 2 个星期的时间。

⑤ **保鲜法**　　把鲜花浸渍在特殊溶液中，水分脱去后，再进行着色的方法。保鲜花目前市场价格高、种类又少，但不容易弄坏且易于携带。

## 蜡溶液浸渍法

直接把鲜花浸渍于蜡溶液中进行上蜡的方法。
具有能保持花形、不易褪色的优点。

### 适用的花型

适合花朵大、花瓣重叠少的花。即使水分较多，也没关系。为了防止褪色或者发霉，请注意雨季等湿气较重时要进行充分干燥。

玫瑰　　　　紫罗兰
康乃馨　　　天蓝尖瓣木
杭菊　　　　郁金香
花毛茛
洋桔梗

### 所需物品 —————

玫瑰（白）·····················1朵
硬质大豆蜡 ·················· 70克

### 工具 —————

珐琅锅 / 电磁炉 / 木质搅拌棒 / 温度计 / 细颈花瓶

1 在锅中放入大豆蜡，用电磁炉以160℃加热。

2 同时用搅拌棒充分搅拌，加速熔化。

3 用温度计测量，当液体温度达到58℃～60℃时，关闭电磁炉。

4 手持花的根茎部分，浸渍于溶液中。

5 把整个花穗以上的部分充分浸入溶液。为了防止花褪色，请不要浸入过长时间。

6 从溶液中取出后，轻轻转动茎部，甩掉多余蜡溶液。

7 如若花瓣之间粘在一起，可以用搅拌棒或者小镊子，分开、伸展花瓣，同时令花瓣上的蜡溶液均匀流动覆于花瓣上。

8 如此放入花瓶中，在冰箱冷藏室中放置两周左右进行干燥处理。

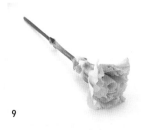

9 待水分完全除去即完成。

## 妙用硅胶干燥剂

通过使用硅胶干燥剂干燥花的方法。
优点是花瓣不易枯萎和褪色；需注意的是要使用颗粒较小的干燥剂。

### 适合的花型

除了水分过多的花儿以外，基本都可以使用此方法。

| | | |
|---|---|---|
| 玫瑰 | 千日红 | 樱花 |
| 康乃馨 | 金槌花 | 银苞菊 |
| 杭菊 | 夕雾 | 含羞草 |
| 补血草 | 刺芹 | 摩洛哥雏菊 |
| 大阿米芹 | 日本鬼灯檠 | 三色堇 |
| 满天星 | 桉树叶 | 绣球花 |
| 柴胡 | 薰衣草 | 黄金菊 |

### 所需物品

硅胶干燥剂（细小颗粒型）…… 约 500 克
玫瑰（粉色）………………………… 1 朵

### 工具

耐热保鲜盒（长 18 厘米 × 宽 13 厘米 ×
高 6 厘米）/ 纸杯（大）/ 剪刀 / 微波炉 / 小
勺 / 笔

**1** 把干燥剂同时放入耐热保鲜盒和纸杯中。

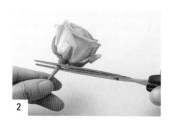

**2** 用剪刀把花苞以下的根茎全部剪掉。

**3** 把步骤 2 所得的花朵直立放入装有干燥剂的保鲜盒中。

**4** 把纸杯中的硅胶干燥剂沿着花朵的周围慢慢倒入，注意不要直接倒在花瓣上。

**5** 花朵四周倒满后，把干燥剂从花瓣的间隙中倒入，直至完全埋没整朵花。

**6** 把耐热保鲜盒放入微波炉里（600W），加热 2 分钟。

**7** 从微波炉中取出保鲜盒，要谨防烫伤。之后，用小勺把花朵从"火堆"中"打捞"出来。

**8** 待高温降下来后，用笔把花瓣上残留的干燥剂轻轻拂去。如若不易剥去，可等完全干燥时再尝试，切勿勉强。

**9** 待花朵上的干燥剂彻底清除后即完成。

# 用微波炉制作干花

把花朵上下挤压至平铺开的状态，再用微波炉温热干燥的方法。
优点是费时短、不易褪色。

## 适合的花型

适合水分较少、花瓣较厚的花。

| | |
|---|---|
| 大阿米芹 | 堇菜 |
| 樱花 | 喜林草 |
| 三色堇 | |
| 绣球花 | |
| 翠雀花 | |
| 针叶树 | |
| 蕨 | |

## 所需物品

翠雀花 ························· 3 朵

## 工具

耐热纸盘 / 烘焙纸 / 剪刀 / 橡皮筋 / 微波炉

**1** 准备 6 个耐热纸盘，平分为两组，每组 3 个叠放在一起。

**2** 取 2 张烘焙纸铺于其中一组纸盘上。

**3** 将花苞以下的部分全部剪掉。

**4** 把花反扣在步骤 2 放有烘焙纸的一组纸盘上，背面朝上。

**5** 再在步骤 4 的花上铺上 2 张烘焙纸。

**6** 把另一组纸盘摞在烘焙纸上，确保两组纸盘无缝对接后，两手用力挤压纸盘。

**7** 每 2 个橡皮筋缠绕为一组，呈交叉放射状固定纸盘。

**8** 把步骤 7 所得直接在电磁炉（600W）中加热 50 秒左右。

**9** 取下橡皮筋，轻轻地把花从纸盘中取出，晾干后即可。注意不要烫伤。

借助构图法 轻松『凹』出香氛蜡的千姿百态

按捺不住激动的心情，迫不及待地做了第一块香氛蜡，却发现总也做不出自己想要的造型。这里有一个小妙招来解决这一烦恼，那就是借助在绘画和摄影中经常用到的"构图"法，以"构图"为底本布局的话，就能轻松做出时尚的香氛蜡啦。

# 经典摩洛哥雏菊
## CLASSIC RHODANTHEMUM

### 太阳型构图
*Hinomaru composition*

---

| 构　图 | 芳　香 |
|---|---|

**亮点突出　一目了然**

主花位于正中央，整体虽然十分简约，但安稳感油然而生。为了不过于"地味"（朴素），叶子的装饰成为必要的点睛之笔。

**清爽畅快　平易近人**

融合具有放松效果的薰衣草花香和清新西柚的酸甜之气，闻后心情瞬间明快起来。放在桌边，还有助于集中注意力。

## 蜡（一份用量）

硬质大豆蜡······················25 克
蜂蜡（白）·····················10 克

精油
薰衣草·····························2 克
西柚·······························3 克

## 工具

参照第 16 页
硅胶模具（椭圆型：长 8.5 厘米 × 宽 6 厘米 × 深 3 厘米）

## 饰品

摩洛哥雏菊（粉色）
[硅胶粒干燥法]······1 朵

针叶树枝叶
[挤压法]······适量

**1**

把装饰单品全部放入椭圆形的模具中，感受并确认下整体构图。

**2**

把奶锅放在电子秤上，一边注意着克数，一边放入大豆蜡和蜂蜡。

**3**

把第 2 步所得用电磁炉 160℃ 加热，并用搅拌棒搅拌，以熔化蜡块。

**4**

同时用温度计检测混合液的温度，温度达到 80℃ 时，关闭电磁炉，取下奶锅。

**5**

把混合液倒入纸杯中。

**6**

把精油倒入步骤 5 的纸杯中。

**7**

充分搅拌，避免精油沉淀。

**8**

把步骤 7 所得倒入模具中。待其表面生成一层薄膜时，放入步骤 1 的花朵和枝叶。从最下面的单品开始依次放入。

**9**

在喜欢的位置，插入吸管，为丝带打孔。以上完成后，静置 1 小时左右，待其凝固。

**10**

蜡块温度变低、凝固后，拔掉吸管。

**11**

把蜡块从硅胶模具中取出，放在水平桌面上。在圆孔处放上金属孔眼。

**12**

用手指把金属孔眼轻轻地摁进去就大功告成啦。

# 暗夜玫瑰香
## ROSE IN THE DARK

### 对称型构图
*Symmetry composition*

---

| 构　图 | 芳　香 |
|---|---|

#### 充满安全感的平面构图

将整体从左右或者上下平分，以中心线为对称轴摆放，使两侧相同。这种构图能带给人安稳、安全感。

#### 一抹幽香静心宁神

搭配有助眠效果的薰衣草和令人情绪稳定的广藿香，心如止水般的平静你值得拥有。睡觉时挂在床边，一天的疲惫也能随之飘散了。

**蜡（一份用量）** ─────────────────────

硬质大豆蜡 ·························· 25克
蜂蜡（白）·························· 10克

精油
薰衣草 ···························· 3克
广藿香 ···························· 2克
颜料（黑色）······················ 少量

**工具** ─────────────────────

参考第16页
硅胶模具（圆型：直径8厘米 × 深
3厘米）

**饰品** ──────────────────────────────────────────────

玫瑰（粉色）
[硅胶粒干燥法] ······ 1朵

补血草（紫色）
[硅胶粒干燥法] ······适量

满天星
[硅胶粒干燥法] ······适量

**1**
在与模具等大（直径8厘米）的纸上，试着放入装饰单品，感受并确认下整体构图。

**2**
把奶锅放在电子秤上，一边注意着克数，一边放入大豆蜡和蜂蜡。

**3**
把第2步所得用电磁炉160℃加热，并搅拌、溶解。液体温度达到80℃时，关闭电磁炉，取下奶锅。

**4**
把蜡的混合液倒入纸杯中。

**5**
加入颜料，同时用搅拌棒充分搅拌。

**6**
把精油倒入步骤5的纸杯中，并充分搅拌。

**7**
把步骤6所得倒入硅胶模具中。

**8**
待其表面生成一层浅浅的薄膜时，放入步骤1中的单品。从中心往两侧依次摆放。

**9**
在喜欢的位置，插入吸管来打孔。以上完成后，常温下静置1小时左右，待其凝固。

**10**
蜡块温度变低、凝固后，拔掉吸管。

**11**
把蜡块从模具中取出，放在水平桌面上。在圆孔处放入金属孔眼。

**12**
用手指把孔眼轻轻地推进去即大功告成。

# 康乃馨的绿色小清新乐园
## FRESH GREEN CARNATION

### 上下等分式构图
*Horizontal composition*

---

| 构　图 | 芳　香 |
|---|---|

**经典简单组合式**

 将整体从中间横向平分，沿着分割线摆放花饰。花草向左右延伸，显得十分开阔。

**清新脱俗　天然雕饰**

清爽的桉树和茶树混合的香味，"嘶"地一下，好似深入肌肤的清爽。能缓解感冒和花粉症，缓缓地做深呼吸运动时使用也是极好的。

硬质大豆蜡 ·······················25 克　　精油　　　　　　　　　　参照第 16 页
蜂蜡（白）·····················10 克　　桉树 ·······················2 克　　硅胶模具（椭圆型：长 8.5 厘米 ×
　　　　　　　　　　　　　　　　　茶树 ·······················3 克　　宽 6 厘米 × 高 3 厘米）
　　　　　　　　　　　　　　　　　颜料（淡绿色）·············少量

## 饰品

康乃馨（白色）　　　　　绣球花（紫色）
[ 浸渍法 ]······1 朵　　　[ 硅胶粒干燥法 ]······适量

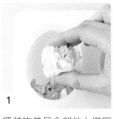

**1** 把装饰单品全部放入椭圆形的硅胶模具中，感受并确认下整体构图。

**2** 把奶锅放在电子秤上，一边注意着克数，一边放入大豆蜡和蜂蜡。

**3** 把第 2 步所得用电磁炉 160℃加热，以熔化蜡块。液体温度达到 80℃时，关闭电磁炉，取下奶锅。

**4** 把蜡溶液倒入纸杯中。

**5** 加入颜料，用搅拌棒充分搅拌。

**6** 把精油倒入步骤 5 的纸杯中，并充分搅拌。

**7** 把步骤 6 所得倒入模具中。

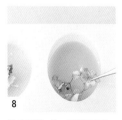

**8** 待表面生成一层薄膜时，放入步骤 1 中的花朵和花叶。注意按照从下向上的顺序依次摆放。

**9** 在喜欢的位置，插入吸管来打孔。以上完成后，常温下静置 1 小时左右，待其凝固。

**10** 蜡块温度变低、凝固后，拔掉吸管。不易拔掉时，可再放置一会儿。

**11** 把蜡块从硅胶模具中拿出，放在桌面上。在圆孔处放上金属孔眼。

**12** 用手指把孔眼轻轻地摁进去，即大功告成。

# 铿锵玫瑰
## WOODY ROSE

## 三等分构图
*Rule of thirds composition*

---

| 构　图 | 芳　香 |
|---|---|

### 演绎平衡之美

将整体横向、纵向分别三等分，在其中4个格交叉处或者2根分割线交叉处放置主花，以获得整体的平衡感。

### 甜蜜的木质柑橘调清香

明亮心情的柑橘和带有针叶林气息的柏树的悠长清香，能平复心中的激动和冲动，有利于做出冷静的分析判断。因此适合放于办公室或者学习桌的附近，有助于提高工作效率。

## 蜡（一份用量）

硬质大豆蜡·····················25 克
蜂蜡（白）·····················18 克

精油
甜橙·····························4 克
柏树·····························2 克

## 工具

参照第 16 页
纸框（长 8 厘米 × 宽 8 厘米 × 高
2 厘米）
胶枪

## 饰品

玫瑰（深粉色）
[硅胶粒干燥法]······1 朵

杜松子
[倒挂法]······适量

雪松球果
[倒挂法]······1 朵

棉珍珠······2 颗

**1**
把装饰单品全部放入正方形的纸框中，感受并确认下整体构图。

**2**
用胶枪在棉珍珠的其中一侧抹上胶水，以防滑固定。

**3**
把奶锅放在电子秤上，一边注意着克数，一边放入大豆蜡和蜂蜡。

**4**
把第 3 步所得用电磁炉160℃加热，以熔化蜡块。液体温度达到 80℃ 时，关闭电磁炉，取下奶锅。

**5**
把蜡溶液倒入纸杯中。

**6**
把精油倒入步骤 5 的纸杯中，用搅拌棒充分搅拌。

**7**
在纸质模具上铺一层硅油纸，把步骤 6 所得倒入框中。

**8**
待表面生成一层薄膜时，按照从中心向外围的顺序，依次放入步骤 1 中的花饰。

**9**
在喜欢的位置，插入吸管打孔。以上完成后，常温下静置 1 小时左右，待其凝固。

**10**
蜡块温度变低、凝固后，拔掉吸管。

**11**
把蜡块从纸框中取出，放在水平桌面上。在圆孔处放上金属孔眼。

**12**
用手指把孔眼轻轻地推进去，即大功告成。

# 优 雅 维 奥 尔 琴

## ELEGANT VIOLA

### 新三等分构图
*New rule of thirds composition*

| 构 图 | 芳 香 |
|---|---|

**留白："无意"中见"创意"**　　**尽享片刻清新甜蜜**

将整体横向、纵向分别三等分后，除中心以外的任意一格中放置主花。因留白而使主花更加鲜明。　　治愈心灵的木香，雪松木的香甜、干爽，与佛手柑的苦涩、清新的结合，是男性也钟情的清新之气。伴随着深呼吸，心中的不快与阴郁也一扫而光。

## 蜡（一份用量）

硬质大豆蜡 ·····················25 克
蜂蜡（白）·····················10 克

精油
雪松木 ····························2 克
佛手柑 ····························3 克
颜料（紫色）···············少量

## 工具

参照第 16 页
硅胶模具（甜甜圈型：外侧直径 7 厘米 × 内侧直径 2 厘米 × 深 3 厘米）

## 饰品

三色堇（紫色）
[ 硅胶粒干燥法 ] ····· 1 朵

含羞草
[ 倒挂法 ] ·····适量

银叶菊
[ 保鲜法 ] ·····适量

---

1 在甜甜圈形状的硅胶模具上试着放入全部装饰单品，感受并确认下构图。

2 把奶锅放在电子秤上，一边注意着克数，一边放入大豆蜡和蜂蜡。

3 把步骤 2 所得用电磁炉 160℃加热，搅拌、熔化蜡块。液体温度达到 80℃时，关闭电磁炉，取下奶锅。

4 把蜡溶液倒入纸杯中。

5 把步骤 4 所得平均倒入两个小纸杯里，在其中一个小纸杯中倒入颜料，用搅拌棒充分搅拌。

6 把精油平均倒入上述两个小纸杯中，并充分搅拌。

7 将步骤 6 中两个小纸杯相向、同时、完全倒入模具中，不要混合。

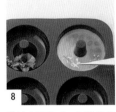

8 待其表面生成一层浅浅的薄膜时，放入步骤 1 中的花饰。从外围向中心的顺序依次摆放。

9 在喜欢的位置，插入吸管来打孔。以上完成后，常温下静置 1 小时左右，待其凝固。

10 蜡块温度变低、凝固后，拔掉吸管。

11 把蜡块从模具中取出，放在水平桌面上。在圆孔处放入金属孔眼。

12 用手指把孔眼轻轻地推进去，即大功告成。

# 满园春色关不住
## PRETTY BLOOMING

### 对角线构图
*Diagonal composition*

| 构　图 | 芳　香 |
|---|---|
| **动感、深邃气质的自然流露** | **春姑娘的鸟语花香世界** |

在平面上用对角线分隔，以对角线为界，把花饰放入其中一侧。活力、深邃的动态之感跃然其上。

有改善低落情绪效果的迷迭香和苦橙花精油的香味。虽然花香扑鼻，却也不会太过甜腻。用这份具有通透气质的清香带来好心情吧，调整呼吸的同时，心情也变得更加明快。

## 蜡（一份用量）

硬质大豆蜡 ·············50 克　精油
蜂蜡（白）·············20 克　　迷迭香 ·············2 克
　　　　　　　　　　　　　　苦橙花 ·············3 克

## 工具

参照第 16 页
纸框（长 13 厘米 × 宽 7 厘米 ×
高 2 厘米）

## 饰品

樱花
[ 硅胶粒干燥法 ] ······适量

清香木
[ 倒挂法 ] ······适量

**1**
把装饰单品全部放入长方形的纸框中，感受并确认下整体构图。

**2**
把奶锅放在电子秤上，一边注意着克数，一边放入大豆蜡和蜜蜡。

**3**
把步骤 2 所得用电磁炉 160℃加热，搅拌、熔化。液体温度达到 80℃ 时，关闭电磁炉，取下奶锅。

**4**
把蜡溶液倒入纸杯中。

**5**
把精油倒入步骤 4 的纸杯中，用搅拌棒充分搅拌。

**6**
在纸框内铺一层硅油纸，把步骤 6 所得倒入其中。

**7**
待表面生成一层浅浅的薄膜时，在对角线处放置步骤 1 中的花饰。

**8**
在喜欢的位置，插入吸管打孔。以上完成后，在常温下静置 1 小时左右，待其凝固。

**9**
蜡块温度降低、凝固后，拔掉吸管。

**10**
把蜡块从纸框中取出，放在水平桌面上。在圆孔处放入金属孔眼。

**11**
把蜡块从纸框中取出，放在水平桌面上。在圆孔处放入金属孔眼。

**12**
可以用削皮刀修饰轮廓，待边框整齐利落，即大功告成。

# 故 乡 的 玫 瑰
## NOSTALGIC ROSES

### 垂直构图
*Vertical composition*

| 构　图 | 芳　香 |
|---|---|

**雄伟大气　势不可当**

将平面纵向平分为两部分，在对称轴之上或沿线布置花饰和草木。利用伸展的花朵和草木的笔挺感，营造出高端大气之感。

**明快的花香　深情的陪伴**

天竺葵精油属于自带清洁感的玫瑰系花香，因此也常用来驱虫。鼠尾草精油属于柔情系的花香，是不论男女皆能爱上的人气香味，因此尤其适合多人聚集的空间。

| 蜡（一份用量） | | 工具 |
| --- | --- | --- |

蜡（一份用量）

硬质大豆蜡 ·························42 克
蜂蜡（黄）·························28 克

精油
天竺葵 ·····························6 克
鼠尾草 ·····························1 克

工具

参照第 16 页
纸框（长 13 厘米 × 宽 7 厘米 ×
高 2 厘米）

## 饰品

玫瑰（橙色）
[浸渍法]······2 朵

玫瑰（绿色）
[浸渍法]······1 朵

满天星（白色）
[硅胶粒干燥法]······1 朵

**1** 把装饰单品全部放入长方形的纸框中，感受并确认下整体构图。

**2** 把奶锅放在电子秤上，一边注意着克数，一边放入大豆蜡。

**3** 继续看着数字，加入黄色蜂蜡。

**4** 把步骤 3 所得用电磁炉 160℃加热，搅拌、熔化。当温度达到 80℃时，关闭电磁炉，取下奶锅。

**5** 把蜡溶液倒入纸杯中。

**6** 把精油倒入步骤 5 的纸杯中，用搅拌棒充分搅拌。

**7** 在纸质模具上铺一层硅油纸，把步骤 6 的混合液倒入纸框中。

**8** 待表面生成一层薄膜时，摆放步骤 1 中的花饰。在中心线上放置主花，其他饰品平衡地放置左右。

**9** 在喜欢的位置，插入吸管打孔。以上完成后，常温下静置 1 小时左右，待其凝固。

**10** 蜡块温度降低、凝固后，拔掉吸管。

**11** 把蜡块从纸框中取出，放在水平桌面上。在圆孔处放入金属孔眼。

**12** 用削皮刀修整轮廓，待边框整齐利落，即大功告成。

# 和谐花园
## HARMONIZED GARDEN

### 斜线构图
*Slanting composition*

| 构 图 | 芳 香 |
|---|---|

#### 指尖下流动的深邃之感

在平面上画出几条斜线，在斜线上放置花饰和草木。将装饰品最大程度地布满整个画面，由此释放出自然的节奏感。

#### 清爽花香调合奏

花香系的薰衣草加上酣畅淋漓的茶树味，尤其适合转换心情或者需要集中注意力的时候使用。此外，对感冒或者花粉症过敏也有缓解作用。

硬质大豆蜡 ·····················50 克　精油　　　　　　　　　　　　　参照第 16 页
蜂蜡（白）·····················20 克　薰衣草 ······················· 4 克　纸框（长 13 厘米 × 宽 7 厘米 ×
　　　　　　　　　　　　　　　茶树 ·····················3 克　高 2 厘米）

饰品 ━━━━━━━━━━━━━━━━━━━━━━━━━━━━━━━━━━━━━━━━━━━━

玫瑰（白色）　　董菜属（紫色）　　补血草（粉色）　　补血草（黄色）　　含羞草
[ 硅胶粒干燥法 ]　[ 硅胶粒干燥法 ]　[ 硅胶粒干燥法 ]　[ 硅胶粒干燥法 ]　[ 倒挂法 ] ······适量
······1 朵　　　　······3 朵　　　　······适量　　　　······适量

**1** 把装饰单品全部放入长方形的纸框中，感受并确认下整体构图。

**2** 把奶锅放在电子秤上，一边注意着克数，一边放入大豆蜡和蜂蜡。

**3** 把步骤 2 所得用电磁炉 160℃ 加热，搅拌、熔化蜡块。液体温度达到 80℃时，关闭电磁炉，取下奶锅。

**4** 把蜡溶液倒入纸杯中。

**5** 把精油倒入步骤 4 的纸杯中。

**6** 用搅拌棒充分搅拌。

**7** 在纸框内铺一层硅油纸，把步骤 6 所得倒入框中。

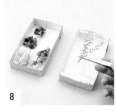

**8** 待表面生成一层薄膜时，依步骤 1 在中间的斜线上放置主花，并以其为基准，放置余下的花饰。

**9** 在喜欢的位置，插入吸管打孔。以上完成后，常温下静置 1 小时左右，待其凝固。

**10** 待蜡块温度变低、凝固后，拔掉吸管。

**11** 从纸框中取出蜡块，放在水平桌面上。在圆孔处放入金属孔眼。

**12** 用削皮刀修整轮廓，待边框整齐利落，即大功告成。

# 迎宾花束
## GREETING BOUQUET

### 放射线型构图
*Radial composition*

---

| 构　图 | 芳　香 |
|---|---|

#### 用线条勾勒出立体感

 在平面上画出放射线一样的线条，沿线放置花饰和草木。通过饰品的延展和动感的表现，来引人注目。

#### 果香四溢　清新满屋

佛手柑的柑橘调香味与让人联想到香甜苹果的果香菊，其混合香味萦绕满屋，直达心底，一天的压力也随之消散。也可放在枕边，有助于快速进入甜蜜梦乡。

**蜡（一份用量）**

硬质大豆蜡 ·····················50 克
蜂蜡（白）·····················20 克

精油
佛手柑 ····························· 5 克
果香菊 ····························· 2 克

**工具**

参照第 16 页
纸框（长 13 厘米 × 宽 7 厘米 ×
高 2 厘米）/ 橡皮筋 / 尼龙绳 / 黏合
剂 / 曲别针

**饰品**

玫瑰（粉色）
[ 硅胶粒干燥法 ]
·····1 朵

满天星
[ 硅胶粒干燥法 ]
·····适量

薰衣草
[ 倒挂法 ]
·····适量

黄金菊
[ 硅胶粒干燥法 ]
·····适量

含羞草
[ 倒挂法 ]
·····适量

蕾丝
[6 厘米幅度 ]
·····8 厘米 ×1 个

尼龙绳
[3 毫米 ]
·····15 厘米 ×1 根

**1**

用蕾丝把花聚拢、包裹起来，并用橡皮筋固定底端，制成花束。

**2**

将步骤 1 所得用尼龙绳系成蝴蝶结，切除多余的根茎。

**☑ 重点**

在尼龙绳的中点位置附近涂上胶水，待完全干燥后，用剪刀从中间剪掉，防止开线。

**3**

打理下花束。

**4**

把奶锅放在电子秤上，边注意克数，边放入大豆蜡和蜂蜡。用电磁炉 160℃ 加热熔化蜡块。液体温度达到 80℃ 时，关闭电磁炉，取下奶锅。

**5**

把蜡溶液倒入纸杯中，加入颜料，并用搅拌棒充分搅拌。

**6**

把精油倒入步骤 5 的纸杯中，并用搅拌棒充分搅拌。

**7**

在纸框内铺一层硅油纸，把步骤 6 所得倒入框中。

**8**

待表面生成一层薄膜时，放入步骤 3 的花束。以左下角作为基点，呈放射状放置。

**☑ 重点**

在打结处涂上胶水，绳子头用曲别针收住，且不要碰到蜡块。

**9**

在喜欢的位置，插入吸管打孔。以上完成后，常温下静置 1 小时左右，待其凝固。

**10**

待蜡块温度降低、凝固后，拔掉吸管。把香氛蜡从框中取出，放在水平桌面上。在圆孔处放上金属孔眼，即成。

# 清 新 针 叶 林
## FRESH CONIFER

### 三明治式构图
*Framing composition*

---

| 构　图 | 芳　香 |
|---|---|

#### 强调重点　迅速夺人眼球

在上下或者左右两侧放置起配角作用的花饰和草木，主要的花饰被簇拥其中，此时目光自然而然地聚焦在最具亮点的主角之上。

#### 如沐森林　清新自不待言

蔷薇木中含有的芳香醇成分有稳定情绪的作用，杜松子也能让人头脑更清醒，因此这种香味在渴望挑战自己、尝试新事物时十分推荐。

硬质大豆蜡 ·····················25 克
蜂蜡（白）·····················10 克

精油
蔷薇木 ·····························3 克
杜松子 ·····························2 克

参照第 16 页
硅胶模具（长 8.5 厘米 × 宽 6 厘
米 × 高 3 厘米）

饰品

玫瑰（黄色）
[倒挂法]······1 朵

玫瑰（白色）
[倒挂法]······1 朵

杜松子
[倒挂法]······适量

**1**
在椭圆形的硅胶模具中，把花饰全部放进去，感受并确认下构图。

**2**
把奶锅放在电子秤上，一边注意着克数，一边放入大豆蜡和蜂蜡。

**3**
把步骤 2 所得用电磁炉 160℃ 加热，搅拌、熔化蜡块。液体温度达到 80℃时，关闭电磁炉，取下奶锅。

**4**
把蜡溶液倒入纸杯中。

**5**
把精油倒入步骤 4 的纸杯中。

**6**
用搅拌棒充分搅拌。

**7**
把步骤 6 所得倒入模具中。

**8**
待表面生成一层薄膜时，放入步骤 1 中的花饰，在左右两侧放入陪衬的单品之后放入主花。

**9**
在喜欢的位置，插入吸管打孔。以上完成后，常温下静置 1 小时左右，待其凝固。

**10**
待蜡块温度降低、凝固后，拔掉吸管。

**11**
把蜡块从硅胶模具中拿出，放在水平桌面上。在圆孔处放上金属孔眼。

**12**
用削皮刀修整轮廓，待边框整齐利落，即大功告成。

# 羞答答的玫瑰静悄悄地开
## ENDEARING ROSES

### 字母形构图
*Alphabet composition*

---

| 构　图 | 芳　香 |
|---|---|

即若即离　柔情似水

如行云流水般放置花饰和草木，典型的有在平面中间画出C形或者S形。其中，S形能营造出深邃内涵之感。

娇艳欲滴的玫瑰与
上等柑橘香调的一场邂逅

带有玫瑰香的玫瑰草具有调整身心的作用，加上英式格雷伯爵茶中也常添加的佛手柑，甜蜜而清爽的味道，男女老少皆宜。

硬质大豆蜡 ······················25 克
蜂蜡（白）······················10 克

精油
玫瑰草 ····································2 克
佛手柑 ····································3 克

参照第 16 页
硅胶模具（圆型：直径 8 厘米 ×
深 3 厘米）

饰品

玫瑰（橘色）
［硅胶粒干燥法］
······1 朵

玫瑰（黄色）
［硅胶粒干燥法］
······1 朵

满天星
［硅胶粒干燥法］
······1 朵

鸡矢藤（果实）
［倒挂法］
······适量

银叶菊
［保鲜法］
······适量

**1**
在与模具相同尺寸（直径
8 厘米）的手工纸上，把
装饰单品全部放入，感受
并确认下构图。

**2**
把奶锅放在电子秤上，一
边注意着克数，一边放入
大豆蜡和蜂蜡。

**3**
把第 2 步所得用电磁炉
160℃加热，以熔化蜡块。
液体温度达到 80℃ 时，
关闭电磁炉，取下奶锅。

**4**
把蜡溶液倒入纸杯中。

**5**
把精油倒入步骤 4 的纸杯
中。

**6**
用搅拌棒充分搅拌。

**7**
把步骤 6 所得倒入模具中。

**8**
待表面生成一层薄膜时，
放入步骤 1 中的花饰，像
画出 S 形一样摆放。

**9**
在喜欢的位置，插入吸管
打孔。以上完成后，静置
1 小时左右，待其凝固。

**10**
待蜡块温度变低、凝固后，
拔掉吸管。

**11**
把蜡块从硅胶模具中拿
出，放在桌面上。在圆孔
处放入金属孔眼。

**12**
用手指把孔眼推进孔中则
大功告成。

# 高贵优雅　尽显玫瑰本色
## NOBLE ROSES

### 金字塔式构图
*Pyramidal composition*

|          构　图          |          芳　香          |

**超群的安定力　稳稳的幸福感**

**异域风情的花香调**

 把花饰和草木填充进左侧所示的三角形区域，是一种在绘画界也常使用的、能充分塑造出动感活力的构图。作品通常遒劲有力、稳定感突出。

是由异域风情满满的依兰花香与略含苦涩的花香调的苦橙叶形成的香味，带有治愈功效，帮助摆脱由紧张、压力等引起的精神失调。放在床边能加速入眠。

## 蜡（一份用量）

硬质大豆蜡 ·····················42 克
蜂蜡（白）·······················18 克

精油
依兰 ·····································1 克
苦橙叶 ···································4 克

## 工具

参照第 16 页
纸框（长 8 厘米 × 宽 8 厘米 × 高 2 厘米）

## 饰品

玫瑰（白色）
[硅胶粒干燥法]······1 朵

玫瑰（黄色）
[硅胶粒干燥法]······1 朵

满天星
[硅胶粒干燥法]······适量

柴胡
[硅胶粒干燥法]······适量

**1** 把装饰单品全部放入正方形的纸框中，感受并确认下整体构图。

**2** 把锅放在电子秤上，一边注意着克数，一边放入大豆蜡和蜂蜡。

**3** 把第 2 步所得用电磁炉 160℃加热，搅拌、熔化。液体温度达到 80℃时，关闭电磁炉，取下奶锅。

**4** 把蜡溶液倒入纸杯中。

**5** 把精油倒入步骤 4 的纸杯中。

**6** 用搅拌棒充分搅拌。

**7** 在纸框中铺上一层硅油纸，倒入步骤 6 所得。

**8** 待表面生成一层薄膜时，放入步骤 1 中的花饰，确定三角形的顶点位置后开始放置。

**9** 在喜欢的位置，插入吸管打孔。以上完成后，常温下静置 1 小时左右，待其凝固。

**10** 待蜡块温度变低、凝固后，拔掉吸管。

**11** 把蜡块从纸框模具中取出，放在桌面上。在圆孔处放上金属孔眼。

**12** 用削皮刀修整轮廓，待边框整齐利落，即大功告成。

# 印象派花园
## IMPRESSIONIST GARDEN

### 隧道形构图
*Tunnel composition*

| 构　图 | 芳　香 |
|---|---|

#### 视线随"主花"而动

#### 芬芳馥郁　演绎女性气质

把花草饰品放在椭圆形隧道的外侧，隧道的其中一部分放置主花。通过留白，引导视线停留在主要花饰上。

因受克利奥帕特拉七世（埃及艳后）推崇而知名的茉莉香，有内涵的异域情调给人满满的幸福感。据说能排解女性特有的烦恼，是焦虑忧郁日子里长情的陪伴。

| 蜡（一份用量） | | 工具 |
|---|---|---|

| 石蜡·····························70 克 | 精油 | 参照第 16 页 |
|---|---|---|
| 蜂蜡（白）·················20 克 | 茉莉·····························3 克 | 纸框（长 13 厘米 × 宽 7 厘米 × |
| | 颜料（粉色）·················少量 | 高 2 厘米） |

## 饰品

康乃馨（白色）
[浸渍法]……1 朵

补血草（紫色）
[硅胶粒干燥法]……适量

玫瑰（花蕾）
[倒挂法]……3 朵

玫瑰（花瓣）
[倒挂法]……适量

**1** 把装饰单品全部放入长方形的纸框中，感受并确认下构图。

**2** 把奶锅放在电子秤上，一边注意着克数，一边放入蜂蜡和石蜡。

**3** 把步骤 2 用电磁炉 160℃加热，所得以熔化蜡块。液体温度达到 80℃时，关闭电磁炉，取下奶锅。

**4** 把蜡溶液倒入纸杯中，同时加入颜料和精油，用搅拌棒充分搅拌。

**5** 把花瓣铺在另一个纸杯中，把步骤 4 所得倒入，直至覆盖住表面。

**6** 在纸框中铺上一层硅油纸，倒入步骤 5 剩下的溶液。

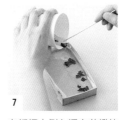

**7** 在纸框中倒入混有花瓣的蜡液。

**8** 使用搅拌棒把花瓣移至纸框的周边，中心留出椭圆形。

**9** 待表面生成一层薄膜时，用搅拌棒把晾干的花瓣稍微往里压入一些。

**10** 放入主花，剩下的花饰均衡地放在主花周围。

**11** 在喜欢的位置，插入吸管打孔。以上完成后，常温下静置 1 小时左右，待其凝固。

**12** 待蜡块凝固后，拔掉吸管。把蜡块从纸框中取出，放在桌面上。在圆孔处放入金属孔眼，即成。

# 花儿与丛林
## FLORAL WOODS

**任意构图**
*Random composition*

---

| 构　图 | 芳　香 |
|---|---|

### 保持空间平衡是王道

 把花饰、草木任意放于整个空间，需要注意的是保持整体的平衡感，避免太凌乱。

### 厚重感的木香与花香混搭

由乳香的木质气息与果香菊的清爽结合而得，可令情绪高昂，也是疲惫心灵的解药。

蜡（一份用量） ──────────── 　　　　工具 ──────────

硬质大豆蜡 ·················25 克　　精油　　　　　　　　　　参照第 16 页
蜂蜡（白）·················20 克　　乳香 ···························1 克　　硅胶模具（甜甜圈型：直径 7 厘米
　　　　　　　　　　　　　　　　果香菊 ·······················3 克　　× 内侧直径 2 厘米 × 深 3 厘米）

饰品 ─────────────────────────────────────

玫瑰（深粉色）　　补血草（粉色）　　玫瑰（花蕾）　　　含羞草　　　　金沙藤　　　　水杉（果）
[ 硅胶粒干燥法 ]　[ 硅胶粒干燥法 ]　[ 倒挂法 ]　　　[ 倒挂法 ]　　[ 保鲜法 ]　　[ 倒挂法 ]
······1 朵　　　　······适量　　　　······1 朵　　　　······适量　　　······适量　　　······1 个

**1** 把装饰单品全部放入甜甜圈型硅胶模具中，感受并确认下整体构图。

**2** 把锅放在电子秤上，一边注意着克数，一边放入大豆蜡和蜂蜡。

**3** 把步骤 2 所得用电磁炉 160℃加热，搅拌、熔化蜡块。液体温度达到 80℃时，关闭电磁炉，取下奶锅。

**4** 把蜡溶液倒入纸杯中。

**5** 把精油加入步骤 4 的纸杯中。

**6** 用搅拌棒充分搅拌。

**7** 把步骤 6 的混合液倒入硅胶模具中。

**8** 待表面生成一层薄膜时，放入步骤 1 的花饰。从主花开始，保持整体的平衡，依次放入。

**9** 在喜欢的位置，插入吸管打孔。以上完成后，在室温下静置 1 小时左右，待其凝固。

**10** 待蜡块温度变低、凝固后，拔掉吸管。

**11** 把蜡块从模具中取出，放在桌面上。在圆孔处放上金属孔眼。

**12** 用手指轻轻按入孔眼即大功告成。

# 暖心温情圣诞节
## WARM CHRISTMAS

### 黄金比例构图
*Golden ratio composition*

| 构　图 | 芳　香 |
|---|---|

#### 黄金比例之美

 把平面横向、纵向分别按照 0.618∶1的比例分开，在交点处放置主花，黄金比例创造的美令人赏心悦目。

#### 甜蜜中的野性

在最适合圣诞节的锡兰肉桂的香味中，加入草本调系的柠檬草，浓郁的甜蜜中隐约飘来辛辣感，治愈心灵的疲惫，同时也能引燃身体的激情与活力。

## 蜡（一份用量）

| | |
|---|---|
| 硬质大豆蜡 ························50 克 | 精油 |
| 蜂蜡（白）·····················20 克 | 锡兰肉桂叶 ·····················3 克 |
| | 柠檬草 ·····························2 克 |
| | 颜料（深棕色）··················少量 |

## 工具

参照第 16 页

纸框（长 13 厘米 × 宽 7 厘米 × 高 2 厘米）

## 饰品

清香木
[倒挂法]······1 串

桉树叶
[倒挂法]······1 枝

松果
[倒挂法]······1 颗

棉花
[倒挂法]······一簇

**1** 把装饰单品全部放入长方形的纸框中，感受并确认下整体构图。

**2** 把奶锅放在电子秤上，一边注意着克数，一边放入大豆蜡和蜂蜡。

**3** 把步骤 2 所得用电磁炉 160℃加热，以熔化蜡块。液体温度达到 80℃时，关闭电磁炉，取下奶锅。

**4** 把蜡溶液倒入纸杯中。

**5** 加入颜料，用搅拌棒充分搅拌。

**6** 把精油加入步骤 5 的纸杯中，并用搅拌棒充分搅拌。

**7** 在纸框中铺上一层硅油纸，倒入步骤 6 所得混合液。

**8** 待表面生成一层薄膜时，放入步骤 1 的花饰。在框内，按照图片所示的位置，放入主花。

**9** 在喜欢的位置，插入吸管打孔。以上完成后，在常温下静置 1 小时左右，待其凝固。

**10** 待蜡块的温度变低、凝固后，拔掉吸管。

**11** 把蜡块从纸框中取出，放在水平桌面上。在圆孔处放上金属孔眼。

**12** 用削皮刀修整边缘，待整齐利落后即完成制作。

# 香氛蜡的变色魔法

## 构图 × 配色

在第2章中，我们根据平面构图的理论对花饰和草木进行了排列布局。
其实，同一构图，只要稍微换个颜色，就能有不同的感受哦。
这里，我们选取其中的4种构图样式，
对比说明把蜡块分别换成暖色调和冷色调的效果。

金字塔式构图
p54

### 金字塔式构图 × 暖色调背景

金字塔式构图的特点是重心在下方，整体略显沉重。因此把蜡块的颜色调成暖色调后，整体也更明朗。

鲜艳的红色搭配上同色系的背景，层次感使整体更柔和

通过花朵柔和的轮廓和色彩映衬出明暗与阴影，打造出立体感

不破坏花朵原有色彩的温暖，保留其柔和特性

| 蜡 | ● 驼粉色（粉色＋黄色） | |
|---|---|---|
| 花 | ● 红色 | ● 粉色 |

鸡冠花 [ 倒挂法 ] ……适量
补血草（粉色）
[ 倒挂法 ] ……适量
满天星
[ 硅胶粒干燥法 ] ……适量

| 蜡 | ● 浅粉色 | |
|---|---|---|
| 花 | ● 粉色 | ○ 白色 |

玫瑰（粉色）
[ 硅胶粒干燥法 ] ……2 朵
玫瑰（翠粉）
[ 硅胶粒干燥法 ] ……1 朵
补血草（淡紫色）
[ 倒挂法 ] ……适量
大阿米芹
[ 硅胶粒干燥法 ] ……适量

| 蜡 | ● 橘色（红色＋黄色） | |
|---|---|---|
| 花 | ● 橘色 | 黄色 |

玫瑰（橘色·黄色）
[ 浸渍法 ] ……各 1 朵
康乃馨（黄粉色）
[ 硅胶粒干燥法 ] ……1 朵
补血草（黄）
[ 硅胶粒干燥法 ] ……适量
满天星
[ 硅胶粒干燥法 ] ……适量

②

三等分构图
p38

# 三等分构图 × 暖色调背景

三等分构图，由于蜡块背景开阔，如果使用不同色系的饰品，颜色的对比会比较鲜明，而选用暖色系的蜡块背景更能令人感受到其中的温度。

每个要素都自然生长，轮廓鲜明，整体也就更明快了

| 蜡 | ● 橙色 |
|---|---|
| 花 | ● 绿色 |

玫瑰（绿色）[ 浸渍法 ]……1 朵
杜松子 [ 倒挂法 ]……适量

利用鲜明的对比，彰显色彩

| 蜡 | 黄色 |
|---|---|
| 花 | ● 蓝色 |

日本鬼灯檠 [ 硅胶粒干燥法 ]……适量
满天星 [ 硅胶粒干燥法 ]……适量

利用与浅色花饰的对比，突出个性

| 蜡 | ● 浅粉色（粉色 + 紫色） |
|---|---|
| 花 | ● 蓝色　● 紫色 |

天蓝尖瓣木 [ 浸渍法 ]……5 朵
补血草（浅紫色）[ 倒挂法 ]……适量
满天星 [ 硅胶粒干燥法 ]……适量

搭配浅色，较少对比度，尽显柔美

| 蜡 | ● 浅粉色（粉色 + 天蓝色） |
|---|---|
| 花 | ● 黄绿色　● 紫色 |

绣球花（绿）[ 倒挂法 ]……适量
补血草（浅紫）[ 倒挂法 ]……适量

**③**

字母形构图
p52

# 字母形构图 × 冷色调背景

字母形构图法的特点是有柔美流畅的曲线。梦幻的冷色调的蜡块背景与同色系的花相互映衬，高贵优雅，魅力令人无法抗拒。同时也可使人安心平静。

S 字型

同色系的搭配，使主题花饰更显高档华丽

| 蜡 | 翠蓝色 | |
|---|---|---|
| 花 | ● 藏蓝色 | ○ 白色 |

银莲花 [ 硅胶粒干燥法 ] ……1 朵
洋桔梗（紫）[ 硅胶粒干燥法 ] ……1 朵
补血草（紫）[ 硅胶粒干燥法 ] ……适量
满天星 [ 硅胶粒干燥法 ] ……适量

S 字型

即使用花不多，在同色系背景的衬托下也不会有清冷寂寞之感

| 蜡 | ● 浅海蓝色（藏青色 + 粉色） |
|---|---|
| 花 | ● 蓝色 |

喜林草 [ 硅胶粒干燥法 ] ……4 朵
补血草（紫）[ 倒挂法 ] ……适量
满天星 [ 硅胶粒干燥法 ] ……适量

S 字型

同色系的背景让花朵更饱满、分量感更足

| 蜡 | ● 水绿色（翠蓝色 + 黄色） |
|---|---|
| 花 | ● 蓝色　● 绿色 |

黑种草（蓝）[ 硅胶粒干燥法 ] ……2 朵
柴胡 [ 硅胶粒干燥法 ] ……适量
满天星 [ 硅胶粒干燥法 ] ……适量

C 字型

深色的花朵与浅色背景的搭配带来精神上的放松和宁静

| 蜡 | ● 亮蓝色（藏青色） |
|---|---|
| 花 | ● 蓝紫色 |

翠雀花（蓝）[ 硅胶粒干燥法 ] ……3 朵
勿忘我 [ 硅胶粒干燥法 ] ……适量
补血草（白）[ 硅胶粒干燥法 ] …适量

黄金比例构图
p60

# 黄金比例构图 × 冷色调背景

黄金比例常见于大自然和我们的日常生活中，被认为是保持秩序和和谐的最佳比例。清爽的冷色系及灿烂的暖色系的组合，让人的心情也跟着明亮起来。

不同颜色的和谐搭配更突出设计感

| 蜡 | ● 青柠绿（水绿色＋黄绿色） |
|---|---|
| 花 | ● 绿色　○ 绿色白色 |

洋桔梗（绿）[硅胶粒干燥法]……1朵
玫瑰（白）[浸渍法]……1朵
杜松子[倒挂法]……适量
满天星[硅胶粒干燥法]……适量

绿色的枝叶与清爽的水蓝色相映成趣，清爽气息扑面而来

| 蜡 | ● 青柠绿（水绿色＋黄绿色） |
|---|---|
| 花 | ● 绿色　○ 白色 |

花毛茛（绿）[硅胶粒干燥法]……1朵
杭白菊（白）[硅胶粒干燥法]……1朵
柴胡[硅胶粒干燥法]……适量
满天星[硅胶粒干燥法]……适量

冷艳的蓝色与温暖的粉色天然绝配

| 蜡 | ● 浅海蓝色（藏青色＋紫色） |
|---|---|
| 花 | ● 粉色　○ 白色 |

玫瑰（粉色）[硅胶粒干燥法]……2朵
康乃馨（粉色）[浸渍法]……1朵
康乃馨（白色）[硅胶粒干燥法]…1朵
补血草（浅紫色）[倒挂法]……适量
满天星[硅胶粒干燥法]……适量

色彩的变幻为整体增添一份柔美和妩媚

| 蜡 | ● 水绿色（翠蓝色＋黄色） |
|---|---|
| 花 | ● 橙色　● 粉色　　黄色 |

花毛茛（橙色·粉色）[硅胶粒干燥法]…各1朵
康乃馨（粉色）[硅胶粒干燥法]……1朵
补血草（黄色）[硅胶粒干燥法]…适量
满天星[硅胶粒干燥法]……适量
含羞草[倒挂法]……适量

根据摆放场所，定做相宜香氛蜡

香氛蜡是我们熟悉的室内装饰香物，适用于不同的装饰位置。为达到锦上添花的效果，不同的场合需要搭配不同的造型和香调，因此第一步的选择十分重要。

# 优雅紫色
## GRACEFUL PURPLE

FOR
## *Entrance*
**放置于玄关处（门口）**

甜蜜的花香中欲说还休的苦涩

鼠尾草 × 苦橙花

中性的鼠尾草精油与花香调的苦橙花精油结合，其特有的柑橘调的香甜与若有若无的苦涩，令人心情大好，高高兴兴地出门。盛放的洋桔梗上点缀一抹藏蓝色的流苏，存在感自然飙升。

**蜡（一份用量）**

硬质大豆蜡························25 克
蜂蜡（白）·······················10 克

精油
鼠尾草·····························2 克
苦橙花·····························1 克

**工具**

参照第 16 页
硅胶模具（鹅蛋型 / 长 8.5 厘米 ×
宽 6 厘米 × 深 3 厘米）

**饰品**

洋桔梗（紫）
[浸渍法]······1 朵

补血草（粉色）
[硅胶粒干燥法]
······适量

金沙藤
[保鲜法]······适量

大阿米芹
[硅胶粒干燥法]
······适量

流苏（藏青色）
······1 个

**1** 把装饰单品全部放入模具中，感受并确认下整体构图。

**2** 把奶锅放在电子秤上，一边注意着克数，一边放入大豆蜡和蜂蜡。

**3** 用电磁炉 160℃ 加热，搅拌、熔化蜡块。液体温度达到 80℃ 时，关闭电磁炉，取下奶锅。

**4** 把蜡溶液倒入纸杯中。

**5** 把精油倒入步骤 4 的纸杯中。

**6** 用搅拌棒充分搅拌。

**7** 把混合液倒入模具中，待表面生成一层薄膜时，将花饰按照从下到上的顺序依次放入。

**8** 在喜欢的位置，插入吸管打孔。以上完成后，常温下静置 1 小时左右，待其凝固。

**9** 待香氛蜡温度降低、凝固后，拔掉吸管。

**10** 取出香氛蜡，放在桌面上。在圆孔处放上金属孔眼。

**11** 把香氛蜡翻过来，在底端用熔化的蜡液固定流苏，不要把混合液粘到穗儿上。

**12** 蜡块凝固后在孔中系上喜爱的丝带吧，大功告成。

# 闪闪的金米糖
## BRILLIANT SUGAR CANDY

FOR
*Entrance*
放置于玄关处（门口）

### 清爽优雅的甜蜜

苦橙叶 × 雪松木

苦橙叶的微苦味中清爽劲儿却十足，与雪松木精油的香木气息完美组合，欢快地欢迎客人的到来。玻璃罐中像爆米花一样的的金米糖香氛蜡，在鲜艳的紫罗兰的映衬下，让玄关更加出彩。

## 蜡（30 克用量）

| | |
|---|---|
| 硬质大豆蜡 ························21 克 | |
| 蜂蜡（白） ························9 克 | |
| 颜料（紫） ······················少量 | |
| 颜料（粉色） ····················少量 | |

精油
苦橙叶 ··························3 克
雪松木 ··························1 克

## 工具

参照第 16 页
硅胶模具（金米糖制作方法参照第 24 页）/ 纸杯（小）/ 珐琅托盘 / 纸盘

## 饰品

紫罗兰
[ 浸渍法 ] ······适量

**1** 把奶锅放在电子秤上，一边注意着克数，一边放入大豆蜡和蜂蜡。

**2** 把第 1 步所得用电磁炉 160℃加热，以熔化蜡块。液体温度达到 80℃ 时，关闭电磁炉，取下奶锅。

**3** 把蜡溶液倒入纸杯中。

**4** 把蜡溶液平分在三个小纸杯中，其中一个加入紫色，另一个加入粉色颜料。

**5** 把精油平均倒入上述三个小纸杯中。

**6** 用搅拌棒充分搅拌，防止精油沉淀。

**7** 将金米糖模具（制作方法参考第 24 页）放在托盘上，把无色的蜡液倒入模具的 1/3 部分。

**8** 同样地，把紫色混合液倒入另外 1/3 模具中。

**9** 剩下 1/3 模具中倒入粉色混合液。

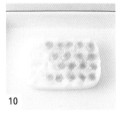

**10** 全部完成后，放置于水平的桌面，常温下静置 1 个小时左右。

**11** 待完全凝固后，从背面推挤模具，取出蜡块。

**12** 全部取出后，金米形小糖果香氛蜡就大功告成。

# 含羞草碗里的秘密

MIMOSA BOWL

## FOR
## *Living Room*

放置于起居室（客厅）

### 清新四溢　甜蜜上档次

佛手柑

---

佛手柑的柑橘调的清新味道能直达灵魂深处。阳光下，金灿灿的含羞草愈发晶莹剔透，成为一道靓丽的风景。这款造型与花儿相比有过之而无不及，其色彩和香味给客厅锦上添花。

## 蜡（一份用量）

石蜡···································· 126 克
蜂蜡（白）····························· 54 克
精油
佛手柑 ······························· 10 克

## 工具

参照第 16 页
珐琅锅 / 抽纸 / 植物油 / 珐琅托盘 / 盆（中）/ 融化锅（直径 11.5 厘米 × 深 4.5 厘米）

## 饰品

含羞草
[倒挂法]······适量

洋桔梗
[浸渍法]······1 朵

花毛茛
[浸渍法]······1 朵

1
为了便于将蜡块从模具中取出，用抽纸在融化锅内薄薄地涂一层植物油。

2
把珐琅锅放在电子秤上，放入石蜡和蜂蜡。用电磁炉 160℃加热，液体温度达到 80℃时取下。

3
倒入精油，并用搅拌棒充分搅拌，防止沉淀。

4
把融化锅放在托盘上，并把步骤 3 的混合液倒入锅内。

5
在中号盆中放入水，让步骤 4 的融化锅漂浮于水面，使溶液冷却并凝固。

6
边缘有白色凝固层时，把混合液再倒回珐琅锅中。

7
在融化锅内侧贴上含羞草，并尽量压平。

8
把步骤 6 的混合液倒入步骤 7 的融化锅中。

9
把融化锅浮在冷水上，冷却至含羞草完全融入石蜡。

10
待充分凝固后，将锅轻轻扣打桌子，把香氛蜡从融化锅中取出。

11
用削皮刀修整香氛蜡的边缘。

12
边缘整齐利落后，碗状的香氛蜡即大功告成。

# 粉色幻想

INNOCENT PINK

## FOR
## *Living Room*

放置于起居室（客厅）

### 平凡的生活　不造作的清爽

柠檬 × 果香菊

酸甜的柠檬香和果香味的果香菊的搭配，让客厅更加明亮通透。粉色花朵形的蜡块与稳重大气的玫瑰结合，恰到好处地释放出成熟气质。

蜡（一份用量） ——————————————————————————————————— 工具 ——————————————

硬质大豆蜡 ·····················100 克　　精油　　　　　　　　　　　　　参照第 16 页
蜂蜡（白）····················10 克　　柠檬 ·····················9 克　　方格纸 / 托盘 / 植物油 / 抽纸 / 曲奇
颜料（粉色）·················少量　　果香菊 ·····················5 克　　框（花朵型：直径 9 厘米）

饰品 ——————————————————————————————————————————————————————————————

玫瑰（深粉色）
[ 浸渍法 ]
·····1 朵

玫瑰（粉色）
[ 浸渍法 ]
·····1 朵

补血草（粉色白色）
[ 硅胶粒干燥法 ]
·····适量

满天星
[ 硅胶粒干燥法 ]
·····适量

夕雾
[ 倒挂法 ]
·····适量

含羞草
[ 倒挂法 ]
·····适量

**1**
沿着曲奇框剪出花朵型纸样，把装饰单品全部放入，感受并确认下整体构图。

**2**
为了便于取出蜡块，用抽纸给托盘薄薄地涂上一层植物油。

**3**
把奶锅放在电子秤上，一边注意着克数，一边放入大豆蜡和蜂蜡。用电磁炉160℃加热，以熔化蜡块。液体温度达到 80℃ 时，关闭电磁炉，取下奶锅。

**4**
把蜡溶液倒入纸杯中，加入颜料并充分搅拌。

**5**
把精油倒入步骤 4 的纸杯中，并充分搅拌。

**6**
把步骤 5 的混合液倒入托盘中。

**7**
表面稍微凝固时，把曲奇框牢牢塞入其中。

**8**
在蜡块未完全凝固时，把步骤 1 的花饰按照从下往上的顺序依次放入。

**9**
在喜欢的位置，插入吸管打孔。以上完成后，常温下静置 1 小时左右。

**10**
待蜡块整体凝固后，拔掉吸管。

**11**
把蜡块从托盘和模具中拿出，放在桌面上。在圆孔处放入金属孔眼。

**12**
用手指把孔眼轻轻推入圆孔即完成。

# 甜蜜的爱心
## SWEET HEARTS

### FOR
# *Bedroom*
**放置于卧室**

### 放松心情　怡情养性

薰衣草 × 乳香

安心感十足的薰衣草香味与乳香味结合，能促进深呼吸，以愉快的心情进入梦乡。金色丝带两端分别系一块，造型特别，尽显高贵奢华。

**蜡（两份用量）** ——————————————————————— **工具** ———————————————————

硬质大豆蜡 ···························32 克　　精油

蜂蜡（白）···························13 克　　薰衣草 ····························· 4 克

　　　　　　　　　　　　　　　　乳香··································1 克

参照第 16 页

硅胶模具（椭圆型：长 5 厘米 ×
宽 5.5 厘米 × 深 3 厘米）

**饰品** ———————————————————————————————————————

A：
玫瑰（黄粉色）
[硅胶粒干燥法]
·····1 朵

A：
补血草（紫色）
[硅胶粒干燥法]
·····1 朵

A·B：
含羞草
[倒挂法]
·····适量

B：
玫瑰（淡黄色）
[硅胶粒干燥法]
·····1 朵

B：
补血草（粉色）
[硅胶粒干燥法]
·····适量

A·B：
耳坠儿
·····1 对

**1** 把装饰单品全部放入爱心形的硅胶模具中，感受并确认下整体构图。

**2** 把奶锅放在电子秤上，一边注意着克数，一边放入大豆蜡和蜂蜡。

**3** 把步骤 2 所得用电磁炉 160℃加热，同时搅拌、熔化蜡块。

**4** 液体温度达到 80℃时，关闭电磁炉，取下奶锅。

**5** 把蜡液倒入纸杯中。

**6** 把精油倒入步骤 5 的纸杯中。

**7** 用搅拌棒充分搅拌，防止精油沉淀。

**8** 把蜡溶液倒入模具中，待表面结一层浅浅的薄膜时，把步骤 1 中的花饰按照从下到上的顺序放入。

**9** 在喜欢的位置，插入吸管打孔。以上完成后，常温下静置 1 小时左右。

**10** 待蜡块整体凝固后，拔掉吸管。

**11** 从模具中取出，放在水平桌面上，在圆孔处放上金属孔眼。

**12** 用同样的方法制作另一块。把耳坠儿穿在蜡块底端，系上合适长度的丝带即大功告成。

# 珍馐佳肴 秀色可餐

ELEGANT GOLDEN PLATE

## FOR
### *Bedroom*

放置于卧室

### 幽幽清香伴你入梦乡

香橙 × 薰衣草

薰衣草的香味具有安神效果，甜蜜的香橙则可令心情愉快。放在卧室枕边，能帮助调节睡眠。既可以把香氛蜡放在小盘子上自成一道风景，也可以适当地包装一下成为极好的伴手礼。

## 蜡（一份用量）

硬质大豆蜡······················50 克
蜂蜡（白）·····················20 克

精油
香橙·····················4 克
薰衣草·····················3 克

## 工具

参照第 16 页
纸框（长 13 厘米 × 宽 7 厘米 ×
高 2 厘米）

## 饰品

玫瑰（橘色）
[浸渍法]
······1 朵

玫瑰（黄色）
[浸渍法]
······1 朵

玫瑰（黄粉色）
[浸渍法]
······2 朵

满天星
[硅胶粒干燥法]
······适量

绵毛水苏
[保鲜法]
······适量

小盘（金色）
······1 个

**1** 在与托盘尺寸相同的纸框内，依次放入全部装饰单品，感受并确认下整体构图。

**2** 把奶锅放在电子秤上，一边注意着克数，一边放入大豆蜡。

**3** 继续注意着克数，放入蜂蜡。

**4** 用电磁炉 160℃加热，搅拌、熔化蜡块。

**5** 液体温度达到 80℃时，关闭电磁炉，取下奶锅。

**6** 把蜡液倒入纸杯中。

**7** 把小烧杯放在电子秤上，称量所需的精油。

**8** 把步骤 7 中的精油倒入步骤 6 的纸杯中。

**9** 用搅拌棒充分搅拌，防止精油沉淀。

**10** 把混合液倒入盘中，注意不要洒出。

**11** 待表面结一层薄膜时，把步骤 1 中的花饰按照从右到左的顺序依次摆放。

**12** 注意整体的平衡感，完成后，常温下静置 1 小时左右，完全晾干即可。

# 多姿多彩　争奇斗艳

## COLORFUL BLOOMING

**FOR**

*Closet*

放置于橱柜

### 酸爽清新扑面而来

肉桂叶 × 香橙

肉桂叶的芳香中隐约的辛辣味和香橙柑橘调的清新味道搭配，有较好的驱虫效果。缤纷多彩的香氛蜡，让橱柜也焕然一新。随意放在角落里，用花朵的姿态"凹"出造型。

| 蜡（一份用量） | | 工具 |
|---|---|---|

| 硬质大豆蜡·····················42 克 | 精油 | 参照第 16 页 |
| 蜂蜡（黄）·······················28 克 | 肉桂叶······························· 2 克 | 订书机、手工用纸（4 厘米 ×3.5 |
| | 香橙·····························5 克 | 厘米 ×2 厘米的三角形）/ 纸框（长 |
| | | 13 厘米 × 宽 7 厘米 × 高 2 厘米） |

## 饰品

玫瑰（粉白色）　康乃馨（粉色）　补血草（紫）　　玫瑰花蕾　　　　金沙藤
[ 硅胶粒干燥法 ]　[ 硅胶粒干燥法 ]　[ 硅胶粒干燥法 ]　[ 倒挂法 ]·····适量　[ 保鲜法 ]·····适量
·····2 朵　　　　·····1 朵　　　　·····适量

✍ **重点**

**1**
把全部装饰单品放入长方形的纸框里，感受并确认下构图。

花朵容易散乱，可以用订书机把花萼固定一下。这样做既方便构图，完成后也不会散开。

**2**
把奶锅放在电子秤上，一边注意着克数，一边放入大豆蜡。

**3**
继续注意克数，放入蜂蜡。

**4**
用电磁炉 160° 加热步骤3 中混合物，搅拌、熔化蜡块。液体温度达到 80℃时，关闭电磁炉，取下奶锅。

**5**
把蜡液倒入纸杯中，并加入精油。在纸框里铺上硅油纸，倒入混合液。

**6**
待表面结一层薄膜时，把步骤 1 中的花饰按照从下往上的顺序依次放置。

**7**
在喜欢的位置，插入吸管打孔。以上完成后，在常温下静置 1 小时左右，待其凝固。

**8**
待香氛蜡温度降低、凝固后，拔掉吸管。

**9**
把香氛蜡从纸框中取出，放在水平桌面上。把三角形手工纸放于四角，用小刀沿着斜边切掉三角形处。

**10**
在圆孔处放入金属孔眼。

**11**
用削皮刀修整边框，待整齐利落后即大功告成。

# 糖果立方块

## CANDY CUBES

**FOR**
*Closet*

放置于橱柜

### 三种治愈系香型合体

天竺葵 × 薰衣草 × 柠檬草

散发女性气息的天竺葵、放松身心的薰衣草和净化空气的柠檬草三位"大咖"同台。因气味特殊，驱虫效果显著。特别是打开橱柜的瞬间，花香沁人心脾，花儿赏心悦目，整个世界都亮了起来。

| 蜡（一份用量） | | 工具 |
|---|---|---|

石蜡·······················21克　　精油

蜂蜡（白）·················28克　　A：天竺葵·······················1克

　　　　　　　　　　　　　　B：薰衣草·······················1克

　　　　　　　　　　　　　　C：柠檬草·······················1克

工具

参照第16页

抽纸/植物油/纸杯（大·中·小）/

制冰格(长、宽4.5厘米×高3厘米)

## 饰品

A：千鸟花　　　　　B：薰衣草　　　　　C：琼花　　　　　　C：蕨类叶

[挤压法]······1朵　　[倒挂法]·····适量　　[挤压法]·····1朵　　[挤压法]······适量

**1** 为了稍后便于从模具中取出蜡块，先用抽纸在模具上涂一层薄薄的植物油。

**2** 把珐琅锅放在电子秤上，一边注意克数，一边放入石蜡和蜂蜡。

**3** 用电磁炉160°加热步骤2的混合物，搅拌、熔化蜡块。液体温度达到80℃时，关闭电磁炉，取下珐琅锅。把蜡液倒入纸杯中。

**4** 加入颜料，充分搅拌。

**5** 把精油A(天竺葵)倒入步骤4中的纸杯中，并充分搅拌。

**6** 把步骤5的混合液倒入制冰格中。

**7** 边缘稍微出现白色凝结物时，把混合液再倒回纸杯中。

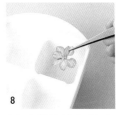

**8** 在混合蜡液没有彻底凝固前，放上干花（千鸟花）。

**9** 用手指轻轻挤压，让干花充分进入蜡块。

**10** 将步骤7倒回的混合液，再次倒入制冰格中。放在水平的桌面上，常温下静置1小时左右。

**11** 待蜡块温度降低、凝固后，把制冰格轻轻扣打桌面，取出香氛蜡。

**12** 用同样的方法完成另外两块的制作。

# 柑橘泪
## CITRUS DROPS

**FOR**
*Toilet*

**放置于洗手间**

释放压力　重获轻松

清爽的葡萄果香味，如同一股清风吹到洗手间。三块泪滴造型的香氛蜡连成一串，形成饱满而有动感的艺术作品。通过调整花饰，还能衍生出多种情趣造型。

## 蜡（一份用量）

硬质大豆蜡…………A：25克、B：18克、C：11克
蜂蜡（白）……………A：10克、B：7克、C：4克
精油
葡萄柚………………A：4克、B：2克、C：1克

## 工具

参照第 16 页
泪滴型纸框（制作方法参考第22页）

## 饰品

A：
日本鬼灯檠
（蓝色）
[硅胶粒干
燥法]
……1朵

A：
千日红
（浅粉色）
[倒挂法]
……1朵

A：
金槌花（黄）
[硅胶粒干
燥法]
……1朵

A·B：
金沙藤
[保鲜法]
……适量

B：
麦秆菊（红色）
[倒挂法]
……1朵

B·C：
补血草（粉色·
黄色·紫色）
[硅胶粒干燥法]
……适量

C：
千日草
（浅粉色）
[倒挂法]
……1朵

**1** 把每块要用的花饰和草木分别放在各自相应尺寸的泪滴型纸框中，感受并确认下构图排列。

**2** 把珐琅锅放在电子秤上，一边注意克数，一边放入 A 份大豆蜡。

**3** 用电磁炉 160° 加热步骤 2 的混合物，搅拌、熔化蜡块。液体温度达到 80℃时，关闭电磁炉，取下珐琅锅。

**4** 把蜡液倒入纸杯中。

**5** 把 A 份精油倒入步骤 4 的纸杯中。

**6** 用搅拌棒充分搅拌，谨防沉淀。

**7** 把混合蜡液倒入泪滴型纸框中。

**8** 表面生成一层薄膜时，将步骤 1 中的花饰按照从下往上的顺序依次摆放。

**9** 在喜欢的位置，插入吸管打孔。以上完成后，常温下静置 1 小时左右，待其凝固。

**10** 待蜡块温度降低、凝固后，拔掉吸管。

**11** 从纸框中取出，放在水平桌面上。在圆孔处放入金属孔眼。

**12** 用同样的方法完成中、小尺寸的香氛蜡，系上可爱的丝带即完工。

# 法式浆果挞

## FLORAL BERRY TART

FOR
*Toilet*

放置于洗手间

给大脑和心灵做 SPA

清爽而又不失内涵的木香调的杜松子，和同属木香调的有柑橘类花香味的苦橙叶结合，再加上花朵与水果的装点，整体宛如一块诱人的法式浆果小蛋糕，心情也瞬间明朗起来。

蜡（一份用量）————————————————

硬质大豆蜡 ·······················24 克
蜂蜡（黄）·······················16 克

精油

杜松子 ································3 克
苦橙叶 ································4 克

工具 ————————————————

参照第 16 页
铝箔盘（直径 8 厘米 × 深 2 厘米）

饰品 ————————————————————————————

玫瑰（粉色）
［硅胶粒干燥法］
·····1 朵

玫瑰（白色）
［硅胶粒干燥法］
·····1 朵

千日草
（浅粉色）
［倒挂法］
·····1 朵

千日红
（粉色）
［倒挂法］
·····1 朵

补血草
（粉色）
［硅胶粒干燥法］
·····适量

大阿米芹
［硅胶粒干燥法］
·····适量

桉树叶
［保鲜法］
·····适量

香橙
（香橙片）
·····1/4 枚

**1**
事先把草莓和蓝莓配饰做好。（制作方法参照 p25）

**2**
为了方便使用，用刀把草莓切成两块，注意不要切到手指。

**3**
用剪刀剪出 1/4 份香橙片。（制作方法参照 p25）

**4**
把装饰单品全部放入铝箔盘中，感受并确认下整体构图。

**5**
把奶锅放在电子秤上，一边注意克数，一边放入大豆蜡。

**6**
继续观察克数，放入蜂蜡。

**7**
把步骤 6 的混合物用电磁炉 160° 加热，并搅拌、熔化蜡块。

**8**
把混合液倒入纸杯中，加入精油后再倒入铝箔盘中。

**9**
表面生成一层薄膜时，放入步骤 1 中的花朵和树叶。注意按照从下往上的顺序依次放置。

**10**
在喜欢的位置，插入吸管，为丝带打孔。以上完成后，常温下静置 1 小时左右，待其凝固。

**11**
蜡块温度降低、凝固后，拔掉吸管。取出香氛蜡，放在水平桌面上。在圆孔处放上金属孔眼。

**12**
用手指把孔眼轻轻地推进去，再系上喜欢的丝带吧。大功告成！

# 8 种常用的包装方法

颜值高、香味持久的香氛蜡，作为礼物是再合适不过的啦。下面我们来介绍一些包装的技巧，精致的包装能让礼物更加充满诚意，也能让对方在收到礼物、打开包装的一瞬间被感动得无以言表。

## ① 开窗纸袋

**1** 准备一个能放入一块香氛蜡的纸袋。

**2** 把香氛蜡放入纸袋，这里的要点是在纸袋上剪出一个四方形，即"开窗"，透过"窗户"感受香氛蜡若隐若现的优美造型，从而使人更加充满期待。

**3** 在白色的便签上写上祝福的语言，绑在纸袋的提手上即可。

## ② 简约大方的透明袋

**1** 准备一个透明袋。

**2** 把藏青色的薄质包装纸自然折皱后铺在袋子里，再把香氛蜡放于其中。

**3** 扣好袋子，再用一条细丝带打上蝴蝶结，系上即可。

### ③ "坦诚相待"的透明开窗纸盒

1　准备一个比香氛蜡大一圈的透明礼盒。

2　把白色的轻薄包装纸自然折皱后随意铺在透明礼盒中，再放入香氛蜡。

3　盖上盖子，用藏青色毛线围一圈，并配一个流苏穗儿即可。

### ④ 蝴蝶结透明包装袋

1　准备一个比香氛蜡大一圈的礼盒。把白色的轻薄包装纸自然折皱后随意铺在礼盒中，再放入香氛蜡。

2　用一个比盒子大一圈的透明包装袋把礼物装入。

3　扎上包装袋的口，打上蝴蝶结即可。

## ⑤ 高档奢华的开窗礼盒

**1** 准备一个比香氛蜡大一圈的带有"窗户"的包装礼盒。

**2** 把藏蓝色的轻薄包装纸自然折皱后随意铺在礼盒中，再放入香氛蜡。

**3** 盖上盖子，用丝带绕过两个对角，打上蝴蝶结即可。

## ⑥ 演绎自然气质的烘焙纸包装

**1** 准备一张尺寸为香氛蜡两倍长、三倍宽的烘焙纸，正中间放入香氛蜡。

**2** 首先从两侧开始，将烘焙纸沿着香氛蜡的宽边折叠起来，上下的部分折成细条。

**3** 将藏蓝色和天蓝色双束毛线并用，打结即可。

### 7 有温度的手工盒包装

1　准备一个比香氛蜡大一圈的工艺品盒。

2　把藏蓝色的轻薄包装纸自然折皱后随意铺在礼盒中，放入香氛蜡。

3　盖上盖子，用丝带绕过盒子的其中两个角，打结即可。

### 8 至简主义包装

1　准备一个防潮蜡纸盒。

2　将白色轻薄的包装纸自然折皱后随意铺在礼盒中。

3　放入香氛蜡即可。

# 变"废"为宝，香氛烛大改造

AROMA WAX SACHET △ AROMA CANDLE

利用香味变淡的，或制作失败的香氛蜡，或剩余的蜡块，来"回炉"重造吧。
再加入精油的话，就可华丽丽地变身为香氛烛啦。

**所需物品** ────────────────

香氛蜡 ···························· 1块
多余的蜡块 ························ 适量

**工具** ────────────────

珐琅锅 / 电磁炉 / 木质搅拌棒 / 风筝线（棉线）/
曲别针 / 镊子 / 茶叶滤网 / 纸杯 / 卫生筷 /
硅胶模具 / 剪刀

**1**

把香氛蜡上的花饰和叶子取出，若是融于其中的可不必特意取出。

**2**

把香氛蜡打碎，放入锅中。

**3**

多余的蜡块也尽量打碎一并放在步骤 2 的锅中。

**4**

用电磁炉 160° 加热步骤 3 所得混合物，熔化蜡块。液体温度达到 80℃时，关闭电磁炉，取下锅。

**5**

在棉线头 2 厘米左右的位置用曲别针交叉固定，制成蜡烛的烛芯。

**6**

把步骤 5 所得浸入步骤 4 的溶液中。如若混入空气，会导致烛芯分叉，因此需要充分染上蜡液。

**7**

利用茶叶滤网将混合液倒入纸杯中。可以加上精油，并充分搅拌。

**8**

将步骤 6 所得用卫生筷夹住并固定，调整至模具中合适的位置。

**9**

将步骤 7 的蜡液倒入硅胶模具中，在常温下静置 2 小时。

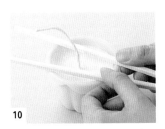

**10**

蜡液完全凝固后，将卫生筷取走。

**11**

留出约 2 厘米长的烛芯，其余部分剪掉。

**12**

把蜡烛从模具中取出即完成。

# 常见问题和解答

制作过程中的乐趣及完成后拿在手中的温度，满满的成就感自不必说。
其实，这里也有很多小技巧，下面我们就香氛蜡的百变装饰方法、失败时的解决方法
以及完工后的清洁整理等方面给出温馨小提示。

**问** ---------------------------- **答**

香氛蜡的保存时间有多久？

只要不故意摔落或者破坏香氛蜡本身，就能长久保持其完成时的状态。只是，装饰用的干花或者水果有可能自然损耗。虽然与鲜花相比，干花中的水分已被去除，但时间久了，也会褪色。同时，如果使用没有干透的鲜花的话，湿气过重的地方还有可能长出霉菌。

根据所放置的环境的不同，其香味的持续时间为 1 个月至 1 年不等。虽然制作过程中增加精油的使用量，可以延长香味的时间，但是过长时间香氛蜡也会软化变形。也正因此，我们可以经常享受制作新的香氛蜡的乐趣。

**问** ---------------------------- **答**

有让香氛蜡的造型与
香味保存更长久的
装饰方法吗？

挂在墙上是通常的装饰方法。也可放在门把手上，但是容易碰到，因此要格外留心。也可以装入丝绸手袋中后再悬挂起来，只是这样就无法看到香氛蜡美丽的造型了。

此外，也应避开高温多湿的地方。暖气设备的旁边或者夏天的车内蜡块都极易熔化。阳光直射的地方也可能会引起褪色。而放在橱柜或者抽屉等密闭的空间里，则可令香味持久，也顺便给衣服做了一个香氛蜡浴，怡人的清香会让你更有魅力哦。

**问** ---------------------------- **答**

可以用冰箱加速蜡块的凝固吗？

请让其在常温自然环境下充分凝固。虽然放在冰箱里确实能加快凝固速度，但是会引起弯曲变形，甚至突然的低温会导致裂缝、断裂等现象。如果想节省等待时间，那就放在冷冻过的托盘上吧。可以将浸渍后的花放在冰箱中凝固，能去除湿气，还能保证成品的美观。充分享受香氛蜡的制作过程也是一种乐趣哦。

问 - - - - - - - - - - - - - - - - - - - - - - - - - 答

制作过程中，如果蜡块起皱或者部
分先凝固，有没有一些应急补救措
施呢？

　　利用热熔胶枪的低档火力来加热，熔化起皱或者有伤痕的部
分。要防止花瓣遇热变焦，加热时，在花上盖上手工用纸来隔离
热气，并时刻保持警惕。

　　制作过程中，如若蜡块凝固过快，同样可以用热熔胶枪整体
微微加热后再放置花饰。此外，大豆蜡与蜂蜡混合使用时，凝固
的过程中容易出现结晶。如若结晶，则用热熔胶枪迅速将蜡块表
面加热熔化较好。

　　使用热熔胶枪时，热气
的出气口处温度很高，要谨
防烫伤。

问 - - - - - - - - - - - - - - - - - - - - - - - - - 答

余下的蜡块还能怎么利用呢？

　　把剩余的蜡块归拢一下，可以用于下次的制作。先放入保鲜
袋中，等待下次使用。如果蜡块中含有的干花不能取出，用茶叶
滤网过滤蜡液之后再使用。另外，也可以制作香氛烛（p92）等，
还有很多别的用途哦。

问 - - - - - - - - - - - - - - - - - - - - - - - - - 答

沾上蜡液的工具能清洗干净吗？

　　请在蜡液冷却凝固之前迅速擦拭干净。已经冷却凝固后，则
先加热熔化再擦拭。把锅用电磁炉加热后熔化蜡块，或者用热熔
胶枪来熔化。擦拭时，由于工具已被加热到很高的温度，不要直
接用手接触，要戴上工作手套等，谨防烫伤。之后，用洗洁精去
除污渍并进行清洁即可。不能用洗洁精清洗的工具，可以用酒精
喷雾来去除污渍。另外，这些用具不要与烹调用具混用。

日文版工作人员
版面设计：八木孝枝（Studio Dunk）
摄影：三轮友纪
编辑：鬼头美邦、岸本乃芙子、伊达砂丘（均属 Studio Porto）
担任编辑：深堀 Naoko